Hello♡

こんにちは！
こんばんは！
おはようございま〜す
ちゃんえなです。♥

どんどん成長していく恵那を
みんなに伝えたい♥

こんにちは、恵那。

meow〜

恵那を見てね
さぁ、キュンだらけの巣へ

Ena Nakano

I want to be a cat

おやつタイムはみんなの愛を

チューにゅう…おいしいニャン♥

Love! Love! Love!

Contents

ちゃんえな。

ABOUT CHANENA ♥

- 002 ちゃんえな×ネコグラビア♥
- 012 ちゃんえなが可愛すぎる5つの理由
- 014 ちゃんえなの○○の中身
- 016 ちゃんえへ 愛のムチャ振りシリーズ♥
- 022 ちゃんえな's基本DATA
- 024 カレンダープレゼント

CHANENA's STYLE ♥

- 026 ちゃんえなをつくる5アイテム♥
- 036 ネコガーリールール7
- 038 ポーチの中身&メイク3か条
- 040 あざと可愛い毎日メイク
- 042 ここぞってときに使いたいスペシャルアイテム
- 044 辛ネコvs甘ネコメイク
- 046 ちゃんえなのあざと顔はカラコンが命♥
- 050 SNSで盛れるメイク研究
- 052 ちゃんえなの赤メイク
- 054 美髪データ♥
- 056 モテ巻き&モテヘアアレ
- 058 1週間ヘアアレSHOW
- 060 お気に入りのシャンプー&コンディショナー

CHANENA's BODY ♥

- 062 Sサイズあざとボディーのすべて♥
- 063 ミラクル小顔のつくり方♥
- 065 部位別筋トレメソッド
- 066 食べてるもの見せて♥
- 068 あざと可愛いネイル

CHANENA's SNS ♥

- 070 えなプリレンジャー
- 072 あざと写メCOLLECTION
- 074 Twitterの質問にリプ返♥
- 076 えなfamからのおめでとうメッセージ♥

CHANENA's PRIVATE ♥

- 078 あざと可愛いちゃんえながてきるまで。
- 084 恩師と地元大阪で対談
- 086 休日に密着
- 088 新大久保オススメMAP♥

CHANENA's SCHOOL LIFE ♥

- 090 学校でもできるあざとテク
- 092 LJK学校メイク
- 094 ちゃんえなに100の質問
- 097 袋とじ♥ 禁断の制服グラビア

CHANENA's LOVE ♥

- 113 ちゃんえなの恋愛
- 116 蓮クン↔ちゃんえな
- 118 尊敬してやまないつーちゃんと対談
- 122 原宿の母・すーちゃんに報告
- 124 スタッフコメント
- 126 最後の言葉

「可愛くなれた理由は"恋"をしたから。それがすべて——。いまは自分が主人公のドラマのなかを生きてる」

ちゃんえなが可愛すぎる5つの理由♥

可愛くなったのは
可愛くないことやめたから。
具体的に変えたり
努力したりした
5つはコレだよ♥

1 すき家の牛丼だったのに 自炊or定食屋に変わった！

材料（約4人分）
- 豆腐 ……… 1丁
- 鶏肉 ……… 100g
- ねぎ ……… 1本
- 春菊 ……… 半分
- 粉唐辛子 … 大さじ3
- ごま油 …… 大さじ2
- 豆板醤 …… 大さじ1
- コチュジャン 大さじ1
- ダシダ …… 大さじ1
- 鶏ガラスープ 大さじ1

つくり方
材料を切ってお鍋に入れて煮込み、最後に粉唐辛子で味を調整して完成♪

ダイエットにもオススメ
自家製辛スープ
★ちゃんえなイチ押し★

すき家のとろ〜り
3種のチーズ丼

食事が変わったらこんなにイイことが！

自炊でこんなものもつくってる！！

1 ニキビができなくなった！
気になってたニキビが減って、お肌が本当に変わった！パンも好きだったけど、あんまり食べなくなったな。

2 便秘が改善した！
1週間便秘が続いて、撮影中倒れたこともある。最近はトイレに行く回数が増えて、朝起きてすぐ出ることも！

3 "イイとしてる"気分になれる！
自己満かもだけど、気分がいい！ ご飯炊いておみそ汁とサラダつくるくらいのときも多いけどね♥

2 「いいね！」の数が増える！ "他撮りっぽい自撮り"を意識!!

いままでの自撮り

腕をしっかり伸ばしてカメラを遠ざけて

小顔ポーズで自信満々に

3 ファッションはメンズの声も聞いてモテ×トレンドを取り入れる！

モテポイント1 季節感
モテだけじゃなくておしゃれにも見せるコツは、素材や色で季節感を取り入れること！

モテポイント2 脚出し
メンズは結局、脚出しが大好き！ ショーパンでもいいし、とにかく冬でも脚を出しとく♥

モテポイント3 スカート
デートや特別な日は、やっぱスカート。メンズの好きなデニムも、スカートで女っぽ♥

モテポイント4 控えめ盛り靴
自分より身長が高い女のコだと気にしちゃうメンズも多いから、必要以上に盛っちゃダメ♥

キャミワンピ風に着てデート♥

4 家の中でも可愛くいたい♥ パジャマもジャージは卒業！

GUのパジャマは夏用も持ってるよ！ THEパジャマって形、男のコはけっこう好き♥

中学のときの中野ジャージ
ボアでもこもこだけどかっこいいしお気に♥

GUのパジャマが可愛すぎる♥

香水はエチュードのカラフルセントパフューム、柔軟剤はアロマリッチ ジュリエット♥

5 ガリじゃないのに細いのがいい♥

1 水を2ℓ飲んでから 半身浴で翌朝−1.5kg！
蓮くんと電話したりYouTubeを見ながら入るよ。入浴直後は体重が増えるけど、翌朝は減ってて感動！

2 蓮くん直伝の筋トレで ほどよく筋肉つける！
回数じゃなくて、休けいせずにつらくても続けることで筋肉がつくらしいよ！

1分間！

スクワット
肩幅より脚を広げて、腰を落とすよ。脚の筋肉がキレイについて、美しい形になるらしい♥ ヒップアップにも！

3 マッサージも欠かさない モチスベ肌GET♥
ホイップ ダブル はちみつ&アーモンドミルクのクリームでマッサージ。回数は決めないで、ながらでやるよ！

マッサージは下から上へリンパを流したら、親指と人さし指で脚の肉を数秒間押すよ！

 背中も！
 ウエストも！

腰や背中、後ろから肉を前に持ってくるイメージでやるよ！ くびれ&バストアップに期待♥

ちゃんえなの◯◯の中身

ちゃんえなを知るうえで重要な要素♥ 毎日バッグといまハマっているものを見せちゃうよ。毎日〝好き〟を見つけて増やしていきたい！

バッグの中身♥

ピンク1色の映え狙いバッグ

「トレンドのクリアバッグは、約¥1990。いつも荷物が多いから、たっぷり入るとこもいい！」

何円持ってる？	¥8575
重さ	1.8kg
アイテム数	20点

お財布はコレ！

※一ケの中身もピンク色

A.「ウィゴーのポーチにコスメ一式を入れてるよ」 B.「リップは気分で替えるから複数持ち♥」 C.「ばんそうこうは必須。バーバパパのモバイルバッテリーも可愛いペンもPLAZAでGET」 D.「モデルたちの間で流行ってるブラシと、リボンのヘアクリップ」 E.「サングラスは、バッグにつけてSNS映え♥」 F.「ハートのイヤホンで耳元まで可愛く♥」 G.「ミーファ フレグランスUVスプレー」 H.「写真を撮るときの小道具にもなるポーチ」

頭の中身♥

1 タピオカ
自分でつくるくらい好き！
このまえ蓮クンも家でタピオカを煮てつくってくれたよ！ゴンチャとか春水堂とか、いろんな店のタピオカドリンクを飲みに行ってる♥

2 フレグランスローション
甘〜い香りが大好き♥
グアムで買ったよ。左がパッションストラック、右がココナッツパッション。のびがいいの。バニラとかヴィクシーの甘い香りが好み♥

3 ハートピアス
ついつい♥ばっかり！
イッツデモっていうブランドは、ピアスの種類が豊富だよ。

4 入浴剤
半身浴のおともに♥
スパークリングワインバブルバスは、桃の香り。ほかにも種類あって、見た目も香りもいいよ。なるべく毎日、半身浴を15分〜1時間してる！

5 蓮クン
大好きすぎるマイダーリン♥
「もっと行動にうつさないとダメ」とか具体的なアドバイスをいつもくれる。このミッシェルクランのネックレスは、宝物だよ♥

> POPのJKサバイバル、1位であることを願って急いでネックレスを用意。まぁー2位でも"がんばったで賞"ってことで！（蓮）

6 エチュードハウスのコスメ
毎日メイクの必需品！
見た目の可愛いコスメでメイクするのは楽しい！ 安いのに、グロスやシャドーも発色がいいよ♪

変わろうとしていたのは外見だけ。
でもいちばん大事なのは、中身だって気づいた。
何度も何度もつらくて涙も流した。
だけど、いまの自分があるのはあきらめなかったから。
自分が変われば、世界が笑ってくれた。
自分を変えれば、世界が変わった。

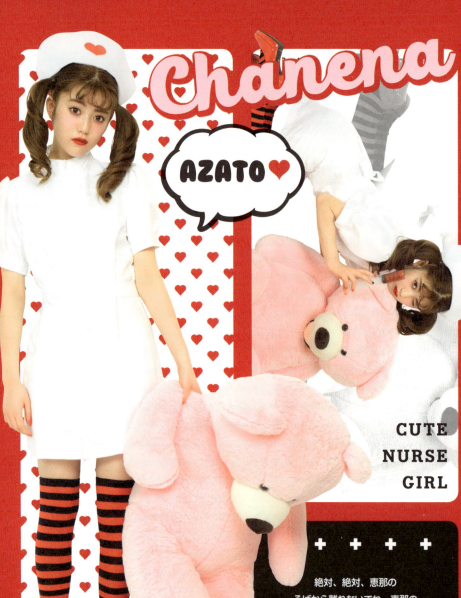

PROFILE

- 本名：中野恵那
- あだ名：ちゃんえな
- 生年月日：2000年10月7日
- 出身地：大阪府河内長野市
- 血液型：B型
- 星座：てんびん座

ちゃんえな's

- **人生のモットー**は？
  1秒1秒を大切にして全力で楽しむ！ 心から楽しまないとうまくいかない気がする。

- 自分で思う自分の**可愛い部分**は？
  ほんとにない…。けど、可愛くなろうとしている自分かな。

- **家族構成**は？
  お姉ちゃんとママ♥

- 自分を**動物**に例えると？
  ネコです。むかしはツリ目がコンプレックスだったけど、最近は好き。

- ちゃんえなを**よろこばせる**には？
  ホメてくれたら簡単によろこびます！（笑）
  えなfamたちからの愛の言葉もうれしい♥

- いわれて**凹む言葉**は？
  「可愛くない」。やっぱり、いわれるとかなりめっちゃ…凹みます…。

- **アンチ対策**は？
  見て見ぬふり（笑）。考えると病んじゃうから。ファンだけを見たい。

- とっておきの**節約術**は？
  「もし明日から仕事ができなくなったら」って考えたら必然的にだれでも節約すると思う。

- 最近、**恥ずかしかった**ことは？
  ごはんの話をしてたら、大量のヨダレが垂れた（笑）。

- 仕事で**ホメられた**ことは？
  気づかいがすごくできるって、最近カメラマンさんにホメられた♥

- 自分を**漢字1字**で表現すると？
  「真」。裏面目でウソつけない性格だから！ だから、よく考え込んじゃうときも…。

- 好きな**女のコのタイプ**は？
  笑ったときに歯がめっちゃ見えるコ！ 笑顔が可愛いコが好き。

基本DATA

- POPモデルでよかったなーって思うことは?
どんなことにもチャレンジするという「前へ前へ」精神が強くなった!

- もし、芸能のお仕事をやっていなかったら?
たぶんリアルに勉強は嫌いではなかったから、イイ高校に行って大学行ってたかも。

- ないと死ぬものは?
タピオカ♥ イメージモデルにもなったことあるよ!

- 結婚願望は?
とくにいまはないかな! 毎日お仕事のことで頭がいっぱいなの。

- モデルをやってて大変なことは?
食べるのが好きだから、好きなものを好きなだけ食べられないこと。

- 街でちゃんえなを見かけたら?
声かけてほしい! みんなともっといっぱい話したい♥

- 夢をかなえる秘訣は?
どんなにつらくても、逃げだしたくなっても、継続すること!

- 一生かけてかなえたい夢は?
お金持ちになること♥

おもしろいことはいえないけど、それも個性ってことで〜!

カジュアルMIXで男女ウケするのがちゃんえな流♥

ちゃんえなをつくる
あざと可愛いファッション5アイテム♥

甘すぎず、カジュアルすぎない絶妙なバランスが◎。
むかしに比べて肌見せも引き算することを覚えたよ！

〈レオパード×ベージュのトレンド本命スタイル〉♥

スプレイで約¥2900。主張が強い柄は、合わせの色みをおさえてオトナっぽく見せるよ。この柄の色が好き！

オトナなくすみカラーがお気に入りでヘビロテ中♪

どんなトップスとも相性バツグン！イングで約¥2900だったよ。足元はあえてスニーカーでハズすのもカギ♥

あざとくなりすぎないように足元は黒で引きしめ♥

やさしいオールブラックで女の子らしさはキープ！

まっ赤なドット柄のスカートはマジェスティックレゴンで約¥6500。少し背伸びしたい日のコーデだよ♥

チアクロで約¥3000。黒だけど透け感があるから重くならない！たまに意外性のある色を着るのも好き♥

TIGHT T SHIRT SKIRT

自慢の脚を生かせるミニ丈が好き！
INして着ることが多いよ♥

エモダで約¥3990。ピタトップス×ピタボトムでシルエットを強調させてスタイルよく見せてるよ！

ワントーンコーデもこの春の
恵那的トレンドワード

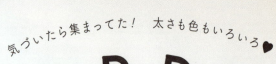

気づいたら集まってた！ 太さも色もいろいろ♥
BORDER

イマダ・マーケットで約¥3990。大きめサイズだから1枚でワンピとして着ているよ。インパクトある色が好き♥

ラフなボーイズ感が逆に女のコらしさを底上げ中♥

恵那の休日スタイルは
こんなストリート女子が理想♥

3色の配色がおしゃれなスニーカーはリビーアンドローズで約¥4900。アクティブに動きたい日はコレ♥

身長が低いぶんスニーカーも
厚底のものをはくことが多いよ♥

SNEAKERS

あざと可愛い
ネコガーリー7ルール

ネコっぽいってこういうこと！

ピンク中心の甘めガーリーだったけど、最近はちょっぴりオトナにシフト！ちゃんとえなか提案するNEWスタイルのルールを紹介♥

ルール1
さわり心地のいい
ニットやボアでふれたくなる
女のコを演出

カジュアルな黒小物でピンクニットの甘さと色っぽさが引き立つ！
ニットのボリュームに相反する肌見せも、あざとポイント♥
なんだかんだ、こーゆーのが男子ウケいいよね！

ルール2
カジュアルや
メンズMIXで
ガーリーの枠にとらわれない

きゃしゃな体にBIGサイズのアウターって、逆に女のコっぽい♥ ブラウンは、春にも着たいトレンドカラー。

春はいろんなブランドからも出ていて、ついつい集めたくなっちゃう。ガーリーに着られるレオパード柄もお気に入り♥

ルール3
自由気ままにゆれる
ロングスカートが
大好き！

ピンク×ブラウンはやわらかい印象になるし、万人ウケするからガーリー初心者にもオススメだよ！

ルール4
ガーリーなピンクも黒やブラウンでこびすぎない

ルール5
ハンサムなパンツは小物でちょっぴり甘えんぼに♥

最近になって、ロングボトムにも挑戦するようになったよ。ピンク小物でもカジュアルなら、甘すぎないで落ちつく♥

ルール6
肌見せは物足りないくらいがちょうどいい♥

脚を出すなら、上半身は露出をセーブ。考え方がオトナになるにつれて、ファッションも引き算することを覚えたよ！

ルール7
可愛いのにクールなネコっぽいツンデレ感がお手本

異素材MIXもちゃんえなの定番。万能なコンバースのスニーカーだと、花柄のワンピもブリッコにならずこなれる♥

ちゃんえな'sポーチの中身♥

A.RMK メイクアップベース
B.RMK クリーミィファンデーション N 202
C.エチュードハウス ビッグカバーフィットコンシーラーペタル
D.エチュードハウス ブロウコントゥアーキット NB
E.ヘビーローテーション カラーリングアイブロウ 02
F.ドーリーウインク クリームアイシャドウⅡ 01
G.エチュードハウス プレイカラー アイシャドウ ピーチファーム
H.エチュードハウス ディア マイエナメル アイトークPK001
I.ラブ・ライナー ペンシル ヌードブラック
J.ラブ・ライナー リキッド ダークブラウン
K.資生堂ビューラー
L.キャンメイク クイックラッシュカーラー ER 01
M.マジョリカ マジョルカ ラッシュゴージャスウイングNEO BK999
N.インテグレート メルティーモードチークPK384
O.キャンディドール ホワイトピュアパウダー＜ノーマル＞
P.ZOOL メルティハートバーム L1802
Q.キャンメイク キャンディラップリップ 13
R.フーミーオイル美容液

キレイなアーモンドアイを生かした
ちゃんえな'sメイク

＼メイク3か条／
1. 肌も目元もツヤありき♥
2. 引き算する
3. 定番を決めつけない

毎日メイクだよ♥

How to Make-up

1 START

Aの下地をしっかりめに顔全体に塗るよ。おでこ、鼻、両ほお、あごの5点置きで広げるのが◎。

2

Bのリキッドファンデは、肌の隠したい部分だけにON。赤みが気になる部分をメインに手でたたき込む！

3

ニキビが目立つ部分にはCのコンシーラーを塗るよ。ポンって置いたら、そのまま固まるまで放置！

4

Dの左と中央の2色を混ぜ、平行眉になるように形を整えながら塗り広げるよ。パウダーのほうが簡単！

5

Eの眉マスカラを全体にON。毛を立たせるイメージで塗るのがコツ。髪色より少し明るめカラーを選ぶよ。

6

Fのラメをアイホールと下まぶたのキワ全体に指でつけて塗るよ。このラメはお気に入りすぎて3コ目♥

7

Gの右から5番目のピンクラメをアイホール全体に重ねるよ。エチュードのシャドーは捨て色なしで優秀！

8

同じくGの右から4番目のピンクをふたえ幅&下まぶたのキワにさらに重ね塗り。囲みアイにするよ。

9

Hの粒子が大きなピンクラメをアイホールの中央と涙袋にほんの少しのせるよ。立体感がUP♥

10

まつ毛はしっかり上げたいから、Kのビューラーを根元、中間、毛先と3回に分けてカールさせてね。

11

上まつ毛にはLのマスカラ下地をON。長くサフサフに見せたいから、これは絶対欠かせない♥

12

Iのペンシルライナーでインラインを引くよ。まつ毛の間を埋めるイメージでやさしく描いてね。

13

Jのリキッドライナーは目尻だけ。タレ目に見せたいからハネずに、目尻の延長線上に少しハミ出す程度に。

メイク時間は45分♥

18

ぷっくりボリュームリップに見せたいからQのグロスはリンカクより少しオーバーめに塗るのが恵那流♥

基本の毎日スキンケア

裸眼

カラコン

くっきりフチよりも、外国人っぽい目になれるニュアンスフチのカラコンが好き♥ カラコンデビューは中1だよ。

ニキビケア

口まわりにニキビができやすい…。バイオイルは保湿効果もいいのに鎮静作用もあるから、ニキビ対策にオススメ♪

乾燥ケア

メイクさんにすすめられて使ってみたら超恵那好みだったキュレルの化粧水。敏感肌に使えるから◎。

クリームも敏感肌用のアベンヌ。顔全体にたっぷり塗るよ。基本はこの2ステップが毎日のスキンケア。

ルルルンのパックは特別な日の朝の保湿ケアに。ニベアは乾燥がひどいとき用。夜塗ってそのまま就寝♥

リップ

唇も乾燥しやすいの…。保湿リップもこまめに塗るよ。唇の厚さはちょうどいいんじゃないかな！

14
Mのマスカラは上下たっぷりと♥ このマジョマジョのは、だまにならずのびがいいからオススメ！

15
このタイミングでプロセス3のコンシーラーを指先でなじませるよ。ポンポンと軽くたたき込むイメージ。

16
チークはNの右。指先に取り、ほお骨の上から斜め上に向かって薄く塗り広げるよ。

17
Pのリップは専用のブラシを使ってしっかりリンカクをフチどり。塗りつぶしたあと、Qを重ねてね。

19 **FINISH**
仕上げは、Rのオイルをほお骨の上と目横のCゾーンにポンポン重ねていまっぽいツヤ出しに♥

OPEN

CLOSE

meow ♥ meow

041

スペシャルアイテム ♥

撮影まえやデート、特別なときに使ってるよ！ 使い心地もパッケージも可愛くて、友だちにもよく「どこの？」って聞かれるの♪

（2019年3月現在）

ラブ・ライナーでおしゃれあざと顔3変化

ラメシャドーで遊んだらラインは薄茶で引き算♪

ベイビーブラウン

ダークブラウン

黒目上を少し太くしてやさしい丸目を演出！

トゥルーブラック

赤シャドー×黒のハネ上げラインで色っぽ♥

限定デザインのラブ・ライナーで友だちと差をつける♪

描き心地がいい＆にじみにくくて毎日愛用してるよ。まわりで使ってるコが多いから限定デザインのパッケージだと差がつく♥

ラブ・ライナー×キレイモ
限定デザイン
リキッドアイライナー

いつもとフンイキ違うね！

キレイモで成約するともらえるよ！

ちゃんえなのあざと顔は
カラコン命♥

恵那にとってカラコンとメイクはセット♪
初めて完全プロデュースした「3♥BERRY」で
いまっぽな6つのあざと顔に挑戦してみたよ。

カラコン選びのこだわりポイント

point 1
**いまっぽい目元になる
ヌケ感のあるデザイン**

フチや柄が主張しすぎるといまっぽくないからヌケ感にこだわったよ♥ いろんな人に使ってもらいたいから、3タイプ6種類をデザイン！

point 2
**ナチュラルに盛れる
ほどよい14.2mm♪**

カラコンって大きすぎるとGALっぽくなりすぎちゃうし、小さすぎると盛れない!! いろいろ試した結果、ベストだったのがこのサイズ★

point 3
**高含水やUVカットで
目にやさしく!!**

デザインも大事だけど目にやさしいかも重要！ 高含水&モイスト成分配合で目が乾きにくく、ワンデーだから清潔♥ UVカットもできるよ♪

スリーラブベリー
3♥BERRY

(2019年3月現在)

ガーリーにしたい日はふんわり系カラコン

あざと盛れな最強カラコン
ベイビーブラウン

明るすぎず暗すぎず、ヌケ感があるのにナチュラルすぎなくて、すべてがベストだよ♥ 子ネコみたいな、あざと可愛い瞳になる!

MAKE-UP POINT
チークとリップはヘルシーなオレンジをチョイス。リップは上をオーバーぎみにしたよ★ 目尻ラインは少し下げてタレ目に。

トレンド感のある明るめベージュ
ハニーハニー

透明感のあるカラコンがいいけど、フチなしだとちょっと物足りないってコにぴったり。簡単にやわらかい印象の甘い目元になるよ♥

MAKE-UP POINT
ポッと照れたような広めのピンクチークが主役! 目元がきつくならないようにインラインのみで、リップもグロスだけ。

ナチュラルにしたい日はちゅるん系カラコン

ほかにはないオトナっぽいグリーン

グリーンティ

グリーンはあるけど、ちゅるん系のグリーンってめずらしいでしょ♪ 印象的だけど主張しすぎないから、デイリーに使えるデザインだよ！

MAKE-UP POINT

グリーンと赤やピンクって、じつは相性バツグン♥ 下まぶたにピンクシャドー、リップは赤みピンクで女っぽくまとめて。

ナチュラルだけどしっかり盛れるよ！ 瞳になじむ自然なデザインで裸眼風に見えるから、学校やオトナ女子にもオススメの1枚。

MAKE-UP POINT

アイメイクが薄いぶん、眉を少し濃くして顔の印象を引きしめたよ。肌はツヤを重視！ リップはコーラル系でオトナっぽく。

とことんナチュラルにするなら

カフェモカ

韓国っぽにしたい日は色素薄め系カラコン

ヌケ感のある瞳でオルチャンなフンイキになるよ★ ブラウンがMIXしていてなじみやすいから、グリーン初心者も挑戦しやすいはず!!

MAKE-UP POINT

アイシャドーもチークもリップもオレンジ系で、レトロなフンイキのメイクにしたよ! チークを横長にのせたのがポイント。

レトロガーリーにハマる!
ミントヘーゼル

韓国っぽな目元になれる色素薄めなカラコン! ほどよく甘めで透明感のあるピンクだから、赤みブラウン感覚で使えるよ♥

MAKE-UP POINT

平行眉とグラデ赤リップでTHEオルチャンなメイクに。ラインを少しハネあげ&下目尻1/3を茶シャドーで引きしめたよ!

甘すぎないピンクカラコン♪
クリアピンク

049

SNSで盛れるメイク研究

大きなネコ目が印象的なちゃんえなの〝あざと自撮り〟は、
囲みシャドーがポイント♥ 全体の色みを合わせるのもコツだよ！

女のコを引き出すピンクがテーマカラー

鉄板モテメイクは目元キラキラ加工

インスタは世界観が大事だから！

使ったコスメはコレ！

「コスメはピンク系が充実★」 **A** キャンメイク ジュエルスターアイズ 12 **B** スウィーツ スウィーツ スパークリングアイグロス 08 **C** エチュードハウス ティアードアイライナー BE101 **D** DAZZSHOP ジニアスフォーシーズマスカラ ブラック **E** ラブ・ライナー リキッド カラーコレクション 2018 ピンクブラウン **F** インテグレート メルティーモードチーク PK384 **G** キャンメイク キャンディラップリップ 13

EYE ▶▶▶ ピンクで甘く囲みシャドー

OPEN / CLOSE

1 「🅰をアイホール全体と下まぶたに塗る。見た目ほど濃くないからシャドーベースにも◎」

2 「🅱のアイグロスを上まぶたはふたえ幅より少し広く、下まぶたはキワにそって指で塗る」

3 「下まぶたの目頭から黒目の外側まで🅲のラメライナーをON。目元がうるんで見えるよ♥」

4 「上下のまつ毛を伸ばすように、🅳のマスカラをしっかり2度塗り。まんべんなく塗る!!」

5 「🅴でまつ毛のすき間を埋めながら細くラインを引く。これでシャドーの色がキワ立つ!」

CHEEK ▶▶▶ じわっとにじむ愛されチーク

CLOSE-UP

「🅵の薄い色をほお骨中心に直径4cmの円形に塗り、濃い色を中央に重ねてなじませる」

LIP ▶▶▶ まん中ツヤでふっくら感♥

CLOSE-UP

1 「唇全体に🅵の濃い色を塗るよ。ふわっとボカすように指でポンポンなじませて下準備♪」

2 「🅶をまん中にチョンチョンチョンと3回のせて軽くなじませるとふっくらツヤ感が出る♥」

オルチャン

加工方法は
加工アプリは*VSCO*。トーンのシャドーを+12&ホワイトバランスのティントを+6にしてる

ナチュラル

加工方法は
最初に*ビューティープラス*のノーマルで撮った状態から何もいじらない。そのほうが自然!

オトナGAL

加工方法は
*VSCO*を使用。フィルターはなし。肌の色+6、シャープ処理+12、粒子+7、ビネット+12♪

モテメイク

加工方法は
加工アプリは*LINE Camera*。フィルターはスウィーツ50%。目元のラメ感がキワ立つよ♥

\ オトナっぽくてモテモテ /

ちゃんえなの 赤メイク が可愛いってウワサ！

撮影／山下拓史

目元はツヤ♥唇はマット！ キャップで魅せるモテフェース

#レッドピンク

使ったのはコレ！

A ルックアットマイアイジュエル OR202　B マットシックリップラッカー PK003 「両方ともエチュードハウスのものだよ」

▶ つくり方

1.Aのオレンジピンクシャドーをふたえ幅にON。目尻だけ重ね塗りして色みを強調。2.1と同じシャドーを下まぶたにのせて、キラキラ感を出し涙袋ぷっくりに♥ 3.Bのビビッドなリップで唇をフチ取りしてハミ出し防止！ 4.3のリップの中を埋めてね。

Enjoy 美髪データー ちゃんとみえなきゃ

むかしはよく「髪は傷みすぎ!」っていわれてた。美容室でのトリートメントもこまめにやってるし、髪も保湿ケアが大事って知ったの。

Check!
美容室は1ヶ月に2〜3回行ってるよ。背が低いから、ロングよりもいまのミディアムロングがバランスよし。いつかはボブにも挑戦してみたい！

アイロンの温度も低く♥
120度くらいが目安
ケではないほうだよ！

Back style

フェミニンなエアリー感を残してキープさせる！

Side

Back

撮影／伊藤翔

ちゃんえなみたいなモテ巻き♥

太めのコテ×ゆるMIX巻きがモテ巻きのベース。ふんわり感をどれだけ持続させられるかがポイント。

1
巻くまえにカールウォーターをなじませておくよ。サイドは1プッシュずつ、後ろは2プッシュくらいが適量♥

2
全体をMIX巻きに。カールを長持ちさせたいので巻き始めは根元から。毛先を持ってコテに毛束を巻きつける。

3
コテを下へとズラすとき、手首を返して毛束もねじる。ねじりを加えることでカールが長持ちするよ♪

4
サイドを上中下で3等分して巻く。巻き方は後ろと同様に★　内巻きスタートで、顔まわりから巻き始めるよ。

5
全体を巻き終わったら、トップ表面の髪だけ再度巻く。カールを強めるだけなのでねじり巻きはしなくてOK。

6
前髪は上下に分け、1段ずつアイロンで伸ばす。下に引っぱりながら、毛先を内側に向けるといいかんじ♥

7
前髪を伸ばしたら、キープスプレーをふったコームで前髪をとかす。これでムラなくスプレーがいきわたる。

8
巻きをほぐしながら内側からキープスプレーをふる。エアリー感を残してキープできるよ。表面にもサッと。

モテ巻きをベースにしたくずれないモテヘアアレ♡

巻きベースからのアレンジでさらに可愛く見える応用ヘアアレ♡
巻き下ろしがくずれたときのレスキューアレンジとしてもオススメ。

横のふっくら編み目を広げてボリュームをガード！

広がりをおさえる
表面サイド編み込み♡

1. トップの髪をセンターで分け、左右それぞれ、顔まわりを残して耳上まで編み込んでいく。
2. 耳から下は三つ編みにする。サイドの髪は足さずに、編み込み終わりの毛束だけを編むよ。
3. 毛先ギリギリまで編んでゴムで結ぶ。サイドをおおうように平たく編み目を広げたら完成。

簡単なのにこってるふう
ふんわりモテりんぱ♡

1. 髪を左右に分け、耳の後ろでそれぞれゴムで結ぶ。結ぶときは、ゆるめずにきつく結んでおく。
2. くるりんぱしたら結び目をしぼってたるみをなくす。巻いてあるからこのままでも可愛い♥
3. 毛先をおさえながら毛束を引き出してふんわり感をプラス。ゆるめるのは結び目だけだよ。

落ち着き感のあるオトメガーリーツインテール

ボリューム自由自在
おだんごハーフ♡

1. 耳から上の髪を、高い位置で1つに結ぶ。毛束を持ったら、毛先ギリギリまできつくねじる。
2. 毛先を持ちながら毛束をゆるめ、つくりたいおだんごのサイズに応じてボリュームを出すよ。
3. 根元に毛束を巻きつけ、毛先はゴムにはさみ込む。おだんごを形よく整えてピンでとめる★

クルクル丸めたおだんごはほどいてもくずれにくい♥

ちゃんえなの1週間

ヘアアレで簡単にイメチェンできるな長さのちゃんえなだって、こんな

撮影／山下拓史

day 1 偽ボブ

レディーなイメチェン♡デートにもオススメ♪

髪全体を縦3等分し、根元にゆるさを残して三つ編み。えり足でそれぞれ内向きに丸め、毛先をピンどめ。最後にバレッタをつける。

day 2 耳横だんご

おさな可愛くオルチャンみたいな妹キャラに♪

前髪を1/3くらいの薄さにして余分な前髪をカラーピンで固定。耳上でツインに結び、三つ編みしてからおだんごに！

day 7 編み込みカチューサイドポニー

編み込みで女子度5割増し♡小顔効果もバツグンだよ

トップは7:3。多いほうを耳まで編み込み、耳からは毛を足さずに三つ編み。残りの毛で結んだサイドポニーに三つ編みを巻きつける。

day 6 三つ編みくるりんぱ

チラ見せの三つ編みでガーリーさを引き立て♪

耳上の髪を左右に分けて三つ編みにし、毛先を仮どめしたものと髪全体をえり足で結んで、くるりんぱする。

day 3 サイドフィッシュボーン

デート中も全方位カンペキ♡
うなじ見せのサイド編みで

HowTo
髪全体を1つにまとめ、サイドフィッシュボーンを編む。毛先をゴムでとめたら、編み目とトップの毛をつまみ出す。

day 4 トップボリュームハーフアップ

ガーリー服と好相性
モテ確実お嬢サマー♥

HowTo
耳上の髪をまとめ、後頭部で1つにねじる。そのまま上に持ち上げてトップに高さを出し、ピンを下から上にさして固定。

ヘアアレShow

のが女のコの特権♥ 中途ハンパにイメージ自由自在！

day 5 ハーフアップ風くるりんぱ重ね

ぷっくらハーフアップは男ウケまちがいなし♥

Back

HowTo
1 トップの髪を後頭部で結び、くるりんぱ。そのすぐ下から左右に各1束、髪をすくい合わせる。

2 すくった毛束を1つに結び、再びくるりんぱ。同様に2回くり返したら、ねじり目をゆるめる。

うるツヤヘアで髪まであざと可愛く♡

サラ髪で女子力UP♪

カラーリングやコテで髪が傷みがちだから、日々のケアから気をつけてるよ！ 美髪をキープするための方法や愛用アイテムを紹介♪

うるツヤヘアを使ったあざとテク！

←ポニテにするとメンズからのホメられ率が急上昇！(笑) せっかくの男ウケヘアも毛先がバサバサだと魅力半減!! サラサラのうるツヤヘアでドキッとさせるよ♥

→香水よりも、ヘアや洋服の柔軟剤でふわっと香るくらいがベスト♪ だからシャンプー&コンディショナーは、髪にしっかり香りが残るかが選ぶときのポイント！

♥ うるツヤヘアのヒケツ ♥

1 洗髪まえにブラッシング

お風呂まえの乾いた状態でブラッシングするよ。目が粗いブラシで、やさしく髪のからまりやホコリをOFFしていく。

2 シャンプーを泡立てる

シャンプーまえに、お湯で頭皮の汚れを軽く洗い流しておくよ。シャンプーは髪じゃなく、手のひらで泡立てるのが正解。

3 地肌をキレイに洗う

指の腹を使って頭皮をマッサージしながら洗うのがコツ！毛穴につまったスタイリング剤をしっかり落としていくよ。

4 ていねいに洗い流す
頭皮にシャンプーが残るとトラブルの原因になるから、十分すぎるくらいしっかり時間をかけて洗い流してね！

5 最後にコンディショナー

水気を軽くきり、頭皮につかないようコンディショナーを毛先中心になじませる。仕上げにしっかりすすげば終了♥

ちゃんえなのお気に入りの シャンプー&コンディショナーはコレ！

BEFORE

AFTER

むかしは、カラーリングやコテで髪が傷みまくり！（涙）アミナスを使い始めてから美髪っていわれるようになったよ♥

2019年3月現在

ピンクボトルが可愛い〜♪

お気に入りPOINT 5
ビビッドピンクで見た目も可愛い
人に見られないお風呂の中まで可愛いって、かなり女子力高め♪ 大好きなピンクに、ゴールドの文字がおしゃれすぎる〜！

お気に入りPOINT 1
オーガニックハーブ美容水100％！
8種類の国産オーガニックハーブとピュアな水だけを使用した100％美容水。パラベンやシリコンフリーで、@コスメでも1位になったみたい♪

敏感肌の恵那にもぴったりなの♪

お気に入りPOINT 2
乾燥肌やオイリー肌どんな人にもハマる★
刺激が少なくて髪や頭皮にやさしいから、どんな肌タイプにも◎。自分に合うシャンプーが見つからないって人にもオススメだよ！

お気に入りPOINT 3
パサついた毛先もしっとりまとまる♪
洗浄力が強すぎないから、髪がパサパサになりにくいよ！アミノ酸でキューティクルが整って、毛先の広がりも落ち着くのがうれしい♥

お気に入りPOINT 4
オトナっぽいムスクの香りで癒やされる！
香水をつけなくても髪からしっかりイイ香りがして、持続するよ♪ 男女ウケするオリエンタルな香りだから、メンズが使ってもOK★

ドキドキ

Sサイズあざとボディーのすべて♥

細いのに、芯があるボディーが目標！

やっとくびれのある、メリハリボディーになってきた♥

: 体型キープの心得 :

ニャン♪

01
毎日バランスよく
ちゃんと食べる。"特別に
食べる日"が逆に太る！

02
どんなに疲れた日でも
マッサージは欠かさない。
毎日続けるのが◎。

03
カロリーよりも何を
食べているかが重要。
なるべく自炊してる♥

原因 1 脂肪 — まずはヤセるのが重要!

ヤセたら自然と顔もほっそりするのは当然のこと。脂肪の原因となる食生活を見直して!

→ **食生活を見直して脂肪を落とそう!!**

適度な運動をする
運動すると脳がスッキリして、メンタルが安定。過食を防止するために、体を動かそう!!

小麦粉食品をやめる
じつは中毒性が高く、食欲を増進させる効果もある小麦製品。糖質制限よりも小麦抜きが◎!

体に悪いものを食べない
健康的な食生活をしても、添加物を摂取してたら、プラマイゼロ。まずはお菓子をやめよう!

原因 2 むくみ — 顔の筋肉だって疲れている!

食べ物をかむときに顔の筋肉を使ってるんだから、食後はしっかりほぐしてケアしよう♪

→ **筋肉のコリをほぐしてゆるめよう!!**

ゆるめるべきはココ!

側頭筋(そくとうきん)
頭のサイドにある大きな筋肉で、下あごを動かす働きをするよ。奥歯をかみしめたときはり出すあたり。

咬筋(こうきん)
奥歯をかみしめたときに、ふくらむあたりにある、ほお骨まわりの筋肉。物をかむ働きをするよ★

食事のあとは必ず!

側頭筋には…
両手のひらをあててほぐす

痛すぎない程度の力加減で側頭部に手のひらをあててグルグル。なるべくたくさんやろう。

咬筋には…
口をあけて指でグリグリ

人さし指、中指、薬指の3本をあててやさしくほぐす。指の位置をズラしながら、全体をやろう。

リンパマッサージはさするだけでOK!!

顔色もよくなるよ!

リンパは強い力をかけなくても流れる!! おでこ→耳前、あご→耳前、耳→首スジの順でサッと指でさするだけで改善される。

ちなみに 表情筋トレーニングはたるみ防止に効果的!

あ い う え お

顔を大きく動かして「あいうえお」という体操は、表情筋が鍛えられて表情が明るくなるよ。

原因 3 骨格 — 1mmの違いで印象が激変!

日常生活でついたゆがみに関するケアは、正しく行なわないともっとゆがむことになるかも!?

→ **正しい知識のないセルフケアは無意味!!**

みんながやりがちセルフケア、ここがNG!
ゆがみやはれを引き起こす可能性の高い、やりがちケアのNG点を指摘します!!

ガーン!!

圧を与えながらマッサージ ギュー
リンパを流すのに、強い力をかけると顔がはれる。引き上げながら行なうなんてもってのほか!!

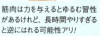
ヒマさえあればコロコロ コロコロ
筋肉は力を与えるとゆるむ習性があるけれど、長時間やりすぎると逆にはれる可能性アリ!

グッと押してセルフ矯正 グッ
圧を加えると実際に骨は動くけれど、整えるためには頭がい骨に関する正しい知識が必要。

教えてくれたのは 小顔矯正サロンQpu

人気モデルも多数通っている、小顔矯正専門サロン。20分の施術で確実にサイズダウン★ 全国に16店舗を展開中。http://qpu.jp

代表のino″のアカウントはためになる情報がいっぱい!

Twitter(@ukinose)、Instagram(@qpu_ino)は小顔以外にも脚ヤセやダイエットに関する情報満載♥

ゴムボールを使った 部位別 筋トレメソッド

細いのに筋肉がある メリハリボディーが目標

最初に買うなら断然ゴムボール。多目的に使える100均ダイエットの王様！

撮影／堤博之

- サイズは直径20cmくらい
- 空気の入れすぎはNG！

教えてくれたのは／
ルネサンス相模大野
鈴木裕生トレーナー
フィットネストレーナー。ボクシングの動きを取り入れたグループファイトなどスタジオレッスンも担当。

ルネサンス相模大野
相模大野駅から徒歩3分。
〒神奈川県相模原市南区相模大野7の19の1
☎042・702・0303
http://www.s-re.jp

前ももトレで太ももを引きしめる♡

ボールがないとまちがった姿勢になりがち

① お尻を下げたときひざが直角になる位置に立ち、腰にボールをはさんで壁に寄りかかる。手は胸の前。

② 背面のボールを転がしながら、お尻を下げる。ひざが直角になる位置で4秒キープ、3秒かけて戻す。

ボールがないと、ひざがつま先より前に出がち。ボールと壁を使えば正しい角度を保ちやすい！

下腹部トレでぽっこりおなか解消♡

① あお向けに寝たら、両くるぶしの間にボールをはさみ、できるだけ高く脚を上げる。手のひらは床に。

② 上げた脚を床スレスレまで下ろす。足首は90度をキープしてね！ ①〜②をくり返すよ♪

\ つらいコは /

まっすぐ脚を上げるのがきつい場合はひざを曲げてもOK！ ひざの角度を変えずに上げ下げしよう。

胸トレでバストアップ♡

レベルUP　NG

腕と床が平行になるように、ひじを曲げてボールを胸前で持ち、両手で押しながら4秒キープ。3秒かけて戻す。脚は腰幅に開くよ!!

慣れてきたらボールをひじで押し合うと胸トレ効果がさらにUP。ひじが下がらないように気をつけて！

お尻トレで上向きの美尻をGET♡

① あお向けでひざを曲げ、両ひざの間にボールをはさむ。かかとは少しお尻に近づけてね。

② ひざから肩までが一直線になるようにお尻を浮かせて4秒キープ、3秒かけて戻す。

NG

背中をそらすと腰に負担が…!! 足がお尻から離れすぎているとそりやすくなるので注意。

えなプリレンジャーとして あざとプリテク研究中 ♥

プリレンジャー3期生に任命されたよ！ プリテクの研究やフリュー公式YouTubeで動画を配信したりいろいろ活動してるからチェックしてね♪

What'sプリレンジャー？

さまざまな特技をもったトレンドリーダーたちが、10代の最新トレンド&プリの情報をSNSで発信するよ！

\ プリレンジャーでやってること ♥ /

活動1 『プリレンジャーTV』でいろんな動画を配信 ♥

れんえなのラブラブカップルプリを鑑賞します
蓮クンと一緒に撮った動画。2人でプリ撮影するようすを撮影しただけの、ゆる～い内容！(笑) 素のウチらが見られるよ♥

★爆笑クッキング★ SNS映え！ドリンクつくり
プリレンジャーでPOP仲間でもあるリコリコ&きょーちゃんと、SNS映えドリンクをつくったよ★ ハプニングだらけで、おもしろかったー！

みんなでやろう！ ムビスポチャレンジ!!
プリ機を使った「#ムビスポチャレンジ」っていうゲームにチャレンジ！ 地味だけど、みんなで大盛りあがりして楽しかったな♪

活動2 プリレンジャーのイベントに出演!!

2018年12月、大阪で開催されたプリレンジャーのイベントに出演したよ♥ えなfamにも会えたし、またやりたいな～!! 最新情報はフリューのプリ機公式Twitterでチェックしてね★

ちゃんえなの"あざと可愛い"プリポーズ&落書きテク!

↙ちゃんえながイメージモデルのプリ機で撮ったよ♪

THE CANDY STUDIO

ワンタッチで顔のフンイキを3テイスト変更できる「テイストチャンジ」機能を搭載。黒髪、すっぴん、日焼け肌でもバッチリ可愛く盛れて大満足♥

恵那の盛れるコツ教えちゃうよ♪

プリを撮るときのルール
- メイクはいつもより少し薄め!
- 目の大きさはオススメを選ぶ!
- 背景は無地がおしゃれ!

ちゃんえなのあざとポーズ講座

ふいうち風ポーズ
動きの途中っぽいポーズで、ふいうちに撮られちゃった感を演出。すごい笑顔なかんじも素っぽくてあざとい♥

萌えそてポーズ
定番だけど、やっぱり萌えそでって男ウケ抜群♥ 少し上目づかいで、じ〜っと見つめるのがポイントだよ!

ほっぺムニ〜ポーズ
手をグーにして、ほっぺを軽くムニ〜っと押すだけ! おちゃめなかんじが可愛いでしょ♪

目つぶりおねだりポーズ
おねだりするだけでも可愛いけど、目をつぶってキス顔を連想させちゃうよ(笑)。これならドキッとするでしょ?

↖フリュー公式インスタでほかにも見られるよ!

FuRyu OFFICIAL: puri_furyu
(2019年3月現在)

\ 落書きでさらにあざとく♥ /

関西弁の問いかけで、あざとさを狙ってみたよ♥ 背景に小さなハートを描いて、ドット柄っぽくしたのもこだわり!

ラインを描いてから「Love」の文字をズラリ! ほっぺにもハートのスタンプを置いて、愛をい〜っぱいに表現♥

大好きなネコのポーズ&落書きにしたよ♪ 耳とシッポのスタンプもあるんだけど、あえて手描きにしてみた★

髪に小花&おでこに三日月の落書きで、セーラームーン風に♥ 背景をペンでワザと雑に塗りつぶしたのもポイント!

 ↔

 あちゃる@えなfam349
えなちゃんの元気の源はなぁにー？

↳

 ちゃんえな（中野恵那）
えなfamに決まってる❤❤ 落ち込んだときとか、みんなのリプ見たり、イベントでもらったお手紙とか読むよ。でも、このパワーが本当にすごくてイッキに元気にしてくれる！ 元気なのはみんなのおかげなんだよ〜。

 愛華❤
なんでそんなに可愛いんですか!?

↳

 ちゃんえな（中野恵那）
みんなが可愛い！っていってくれるからだよ❤

 とも/えなfam
ブランドとか出したい願望あるの？

↳

 ちゃんえな（中野恵那）
めっちゃある。最近お洋服とかコスメ、美容系がまえよりもめっちゃ好きになって、毎日っていっていいくらい買い物してる。そのときに、いつか自分らしいブランドとかを立ち上げたいなっていつも思う。いまの恵那じゃまだまだ遠い夢かもだけど。

 りんりん@えなfam
えなfamのことどれくらい想ってくれてますか❤

↳

 ちゃんえな（中野恵那）
んーっとね、想いすぎててあらわせない❤（笑） いつも頭の中は本当にえなfamのことばかり！ これ本当です(笑)。

 ゆな@えなfam
恵那チャンにとってえなfamはどんな存在？？

↳

ちゃんえな（中野恵那）
家族と同じくらい大切な存在。だから家族と同じように、これからも一緒に歩んでいきたいって心から思う。

 こと@えなfam
GALからあざと可愛い系に系統チェンジしたきっかけは？？？？？

↳

ちゃんえな（中野恵那）
きっかけっていわれたら、オオカミくんに出演して恋愛をしてからかな！ でも、そのまえから正直ナチュラルのほうが好きだったっていう自分がいてる。だから、これをいいきっかけに、系統を変えようと思った！ 恋愛でモテたいとか考えてるわけじゃなくて、どちらかというと自分がしたいことをやってる。

いつもメッセージおおきに❤

ちぃ♥えなfam
緊張をやわらげる方法は？

↳

 ちゃんえな（中野恵那）
失敗してもどうにかなる！って考えるようにしてる。そういう考えにしてから本当にしないようになった。でも緊張するって、できるかもっていう気持ちがあるからだと思うから、悪いことではないと思うよ！

 misaki@えなfam
恵那チャンもほかのジャンルの服着たくなるときある？

↳

 ちゃんえな（中野恵那）
めっちゃある！(笑) プライベートで遊ぶときとか、けっこうカジュアルだったりする！ なんかいろんな服が好きなんだよね(笑)。そのなかでもカジュアルガーリーが好きだけど、気分によって着る服がめっちゃ変わる。

 みれーちょこ
人気が出始めてからたくさんファン増えたけど、古株のファンの子たちもちゃんと覚えてくれてる？(;　;)

↳

 ちゃんえな（中野恵那）
もちろん。忘れるわけない。暗記力？記憶力？は、むかしからいいほうだし、古株のファンがいなければここまでくることができなかったから、初心は絶対に忘れない。というか、もぉ恵那の脳にしぜんと入ってるから、この先も忘れることは絶対ない！

 をたく。
可愛くなりたいからいろいろがんばってるけど、どうしても自分の顔に自信がもてないし自分の顔が嫌いでメイクとかしても納得がいきません。恵那ヂャンも、「整形したいくらい自分の顔が嫌い」といってましたがどうやったら自信をもてるようになりますか？？

↳

 ちゃんえな（中野恵那）
いまでも正直自信がないよ。でも、そればっか考えてると、自信ないのが顔やオーラにも出てしまうっていうのをすごく実感したから、いうの恥ずかしいけど、『自分がいちばん可愛い。きょうも可愛い』って呪文みたいに唱えるの！(笑) ここだけの話ね！笑笑

 みさキング@なちょたんず_えなfam_
えなfamのみんなとしたいことは？

↳

 ちゃんえな（中野恵那）
生誕祭!! あれみんなやってるじゃん？ いつもより近い距離で話せたりするし、近いうちにやりたいなぁって思ってる。

 たけ
楽しみ！ スタイルブックのいちばんの見所は？

↳

 ちゃんえな（中野恵那）
♥♥やっぱり初グラビアかな♥♥
でも全部！ 笑笑

 質問にリプ返♥

Twitterで、ちゃんえなへの質問を募集！たくさんきた質問のなかから、いくつかピックアップして答えちゃうよ〜♥

恵那ちゃおめでとう!!
これからもずっとついていくよ!
―――しゅり

スタイルブック発売ほんとにおめでとう♥
恵那ちの夢がひとつかなったね!
聞いたとき、ほんとにうれしすぎて
1人で跳び跳ねてました(笑)。
恵那ちはとっても努力家で
言葉ではいい表せないくらい
大好きなところたくさんあるし、
ほんとにステキな女性で私の憧れの人です♥
恵那ちががんばってるから
私もがんばろうって思える!
これからも恵那ちについていきます!
えなfamでいます!! ずっと大好きです♥
―――いず

Twitterでいいねやリプ返してくれてありがとう。
これからも私たちの大好きな恵那ちでいてね。
絶対にピン表紙、GAL 3姉妹表紙、企画取ろうね。
大好きなリ～(((o(*ﾟ▽ﾟ*)o)))♥
―――まなみーる

大好きだよ! これからも可愛くてやさしくて
みんなを笑顔にできる恵那ちでいてね!
―――ゆめかな

恵那ちいつも癒やしをありがとう!
日に日に可愛くなって大きくなっていく
恵那ちを応援できて、とっても幸せです。
ちゃん恵那ワールド最高♥
―――みるく

いつもいつも笑顔をありがとう♥♥
えなたんのおかげでいつも学校とか
部活とかがんばれます!!!!
絶対にえなたんのピン表紙が見たいから
えなfamでかなえるから!!
ずっとずっと大好きです♥♥♥
―――シュア

恵那ちおめでとう!!
恵那ちの夢はえなfamの夢でもあるからね!!
どんなときもついていく!!!
―――○―○ハ

とにかく、大好きです♥
ずっと恵那ちを応援してます。
そしてずっとついていきます♥♥♥
―――かな

いつも、努力を忘れないで、後輩の気配りができて、
Popteenを引っぱってる姿は本当に感動するよ。
つらいときとかあるかもしれない。
でも、そんなときは、恵那ちのことが
大好きな、えなfamのみんながいるからね。
これからも体調に気をつけて、がんばろうね。
めざせピン表紙。ずっと離れないよ! 大好き♥♥
―――かとちゃん

POPの誌面で見つけたときから
ずっと私の元気の源です!!
恵那たんの笑顔で元気になれて、
困ってたら私たちが支えようって思える!
これからも恵那たんらしく
キラキラ輝いていてください♥
―――かな

恵那ちが大好きです!!
リプ返とてもうれしいです!
いそがしいのにありがとう!
感謝でいっぱいです!
これからも応援します!!
―――すう

がんばり屋さんで可愛すぎる
恵那ちが大好きです!
これからもついていきます!
一緒にがんばろう!!♥
―――わわ

"大好き"のひと言しかないです♥
―――ともぷー

えなfam想いで可愛すぎるえなちはウチの憧れ!
そんな恵那ちに出会えてよかったって心から思えてるよ!
スタイルブック本当におめでと!
そんな歴史的瞬間を一緒に祝えてうれしい!
えなfamのウチは幸せだよ!
これからもムリせずがんばってね! 応援し続けます!
―――けい

オオカミくんで知ってから、
どんどん恵那ちのことが好きになっていきました!
いつもがんばっている恵那ちが大好きです♥
―――ちょぴ。

とにかく可愛すぎる! ムリしないていどにがんばってね!
恵那ちのまわりにはたくさんの人がいるから
いっぱい頼ってね! ピン表紙めざしてがんばろう!
―――せーな

えなfamからのおめでとうメッセージ♥

いつも応援してくれている〝えなfam〟から届いた、お祝いの声を一部だけ紹介！ みんな、たくさんのメッセージありがとう♥

恵那ぢ大好きすぎてたまりません！
これからも活動がんばってね！
応援してるけん♥♥
――さーちゃん

いっつも可愛い恵那ぢを見て
癒やされています♥
これからもキラキラ輝く
恵那ぢを楽しみにしています！
――ゆかりんりん

恵那ぢ、本当にスタイルブック
発売おめでとう！
恵那ぢの夢がひとつずつかなっていくのが、
自分のことのようにうれしいです♥
これからも、恵那ぢのことずっと、
応援してるからね!! 大好き♥♥
――ゆうなたん

恵那ぢ念願のスタイルブック
発売おめでとうございます(;＿;)♥
恵那ぢの日々の努力が積み重なって
できたものだから、私は本当に幸せだし、
うれしいです(;;)
これからも恵那ぢを応援していくし、
一緒に進んでいけたらなって思います♥
本当におめでとうございます(T＾T)♥
――りょうか

スタイルブック発売おめでとう!!
むかしからいってた夢やもんね！
少しずつ恵那ぢの夢が
かなっていってうれしい♥
やさしくて可愛くてオトナな
恵那ぢが大好きやで♥
これからもいっぱい応援するね!!

いつも私たちにたくさんの愛をありがとう♥
ずっとずっと大好きで応援し続けます♥
これからも恵那ぢをファンとして
支えさせてください♥
――すずな

スタイルブック本当に本当に
おめでとうございます(;;)
Popteenも恵那ぢがきっかけで
買うようになりました♥
これからも応援してます！
大好き!!♥
――かりん

専属になったときから好きで、
どんどん可愛く大きくなって
夢をかなえていくのを
えなfamとしていっしょによろこべて幸せ‥
これからも恵那ぢについていくね♥
大好き♥(¨)♥
――ことみ

いつも応援してます。
落ち込んだり、くやしかったときも
いつも恵那ぢの画像を見たり
Popteenを見て元気をもらってます！
スタイルがよくて、顔も小さくて、
ほんとに憧れの女性です。
これからも、恵那ぢを
ずっとずっと愛してます♥
――さな

ひとつのゴールだね！ おめでとうです♥
またスタートライン！
恵那ぢの笑顔で、
みんなで一緒にがんばろう！
これからも応援してます！
――にゃん

恵那ぢ、このたびは
スタイルブック発売おめでとう♥
発表を見たとき、えなfamでいてよかったと思いました。
これからも、くじけることがあるかもしれないけれど
後ろを向けばえなfamがいるよ。
恵那ぢらしくこれからも
がんばってください。大好きです♥♥
――りょうこ

3年まえくらいの超十代で20歳までにしたいことで
「スタイルブックを出したい！」って
いってたから夢がかなってえなfamもうれしいです！
これからもあなたを全力で支えて
愛して応援し続けることを誓います♥
――みれーちょこ

PopteenやPopteenTVを見て
毎日笑顔になれてます！
これからもがんばってください！
もっともっと可愛い恵那ぢが
たくさん見たいです！
――!モズク!

恵那ぢスタイルブック発売おめでとう♥
恵那ぢの努力がむくわれて本当にうれしいよ！
POPに出始めて2年キで夢をひとつかなえられる
恵那ぢは本当に努力家だと思うよ！
これからもずっと応援してるし、尊敬してるよ♥
――ちなみーる

恵那ぢ、あらためてスタイルブック発売おめでとう！
いつも恵那ぢの笑顔やがんばってる姿に勇気づけられてます！
こんなに応援したいと思えた人は恵那ぢがはじめてです！
私の大好きで憧れの恵那ぢ
これからもがんばってください！
――まなか

あざと♡可愛いちゃん

いまのちゃんえながどうやってつくられたのか、幼少期からイッキに

幼少期

赤ちゃんのころはおとなしくて
だんだんやんちゃになってった!

「産まれたときは未熟児で小さかったらしく、ママから『あんたはほんま産むのラクやったわ〜』って聞いてる。鼻から上がおじいちゃん似で、鼻から下はおばあちゃん似。ガンコで八方美人なところとか、性格も大好きなおじいちゃんに似てるらしい。赤ちゃんのころはおとなしくて、まったく手がかからなかったけど、大きくなるにつれどんどんやんちゃに!(笑) よくケガをするコで3歳のときにお姉ちゃんと公園に遊びに行って、あごを5針縫う大ケガをしたらしい! いまでもうっすら傷跡が残ってるよ。あと恵那は小さいころからどこか少し冷めたところがあって、4歳のときの写真はみんながプールに入ってはしゃいでるのをボーッとながめてるところ(笑)」

えなができるまで。

さかのぼってお届け！　初公開するPOPでの秘話も必見だよ♥

小・中学生

とにかく目立つことが大好きで人と違うことをしたかった！

「小学校低学年のときは一輪車にハマっていて、友だちと『一輪車サーカス団』っていうチームをつくってた(笑)。私がリーダーで、振り付けを考えて、音楽を流しながら一輪車に乗って踊ってたよ。近所のおじいちゃんやおばあちゃんに招待券を配って、ショーを開催したりもしてた(笑)。小2のときは、2年2組、後ろから2番目、体重22.2kgで、これを自己紹介のときにずっといってた記憶がある。だから22.2kgから増えるのが嫌でダイエットしてた時期もあったな。あと1年に2回左手首を骨折したときもあったよ！中学生のときはグレてて、ピアスをあけることが好きやったな。とりあえずどっかに穴をあけたいってかんじ。当時は耳、舌、へそ…合計10コ以上あけてた！」

POPの思い出

POPに出始めのときは夜行バスで撮影に通ってた!

「POPに出始めたのは、恵那のSNSを編集部の人が見て撮影に呼ばれたのがキッカケ。はじめての撮影のとき『なぜ私はこんなことをしてるんだろう…』ってワケもわからずにやってた(笑)。ポージングもやったことなかったし、まわりにいたコが可愛すぎて1回目の撮影ですでに自信を失ったのを覚えてる。でも発売された日はソッコーPOPを買いに行って、地元のみんなに『見て!見て!』っていったよ♥ 初期のころはまだ大阪に住んでたから、いつも夜行バスで撮影に参加してた! よくバスの中でつらいって泣いてたな〜。むかしは雑誌に出たら勝手に人気になるって思ってたから、POPで街頭企画とかするたびに知名度がなさすぎて現実を思い知らされてた」

夢だったPOPの専属デビュー！
自分がわからず迷走しまくってた…

「マネージャーさんから『POPの専属決まったよ！』って聞いたときは、正直『私がなっていいのかな』って思った。けど、専属になれるんだったら本気でがんばろうって決心したよね！ むかしから恵那って自分の思いを人に伝えるのが苦手で、このころは自分のやりたいことを上手に伝えられなくて、いってることも統一感がなかったな。で、それはダメやって思って、はじめての私服企画では新しいことを自分から提案。編集部の人からホメられてうれしかったな♥ けど、この2か月後に夏恵弓(なちょす)が表紙デビュー。おめでとうって思ったけど、負けず嫌いやったから悔しかった…。それで、このあたりから『恵那らしさってなんなんやろ』って迷走し始めちゃうんだよね」

オオカミくん出演がキッカケで
GALから〝あざとモテキャラ〟に♥

「AbemaTVの『真夏のオオカミくんには騙されない』に出演して、人生が本当に変わった！ ファンが増えてPOPの人気モデルのランキングもあがったし、蓮クンと恋をしてメイクや服装も甘めになったよ♥ ちょうどそのタイミングでPOPのJKバトルがスタート！ 恵那ってPOPのバトル系の企画に何回も出てたけど、1位を取ったことがなくて。このバトルは1位じゃなかったらPOPをやめる‼︎ってくらいの覚悟で挑んだ。『恵那、このバトルは絶対に1位になるから！』って、まわりの人にもいってたし、編集長にも宣言してた。だからピン企画をやってもらえるってなったときも、今度こそは自分のやりたいことをしっかり発信しようって、〝モテ〟を追求することにしたの‼︎」

まだまだ勝負はこれから！
上だけを見て突っ走っていくよ!!

「これまでの恵那って自分に自信がなくて、目立ちたいけど見られたくないから目立たないようにしてた。けど、モテでいくって決めてからは自分に自信がもてるようになったの！ だから大人数いる撮影でもガンガン自分をアピールしたよ。そしたら、いろんな人にホメてもらえて。やっぱり伝えれば伝わるんだなって感動した!! けど、JKバトルで1位になって表紙デビューはできたけど、モテのことを考えすぎてまたブレ始めちゃって…。いま人気ランキングの順位もよくないのに表紙をやらせてもらったりして、ありがたいうれしいけど正直申し訳ないなって気持ちでいっぱい…。だからこのスタイルブックをキッカケに、また胸をはれるようにがんばりたいな!!!!」

中学校の恩師

髙田先生となつかしトーク

子どものころやPOPでの思い出をふり返ったところで、むかしのちゃんえなをよく知る
千代田中学校の恩師・髙田先生と当時の思い出を語ってもらったよ!

（恵那の吹き出し）恵那のいいところいっぱいいってな♥

（髙田先生の吹き出し）ボクが"ちゃんえな"の名づけ親です!!

髙田学先生
教師歴13年目。生徒指導主事。千代田小学校で4年間勤めたのち、千代田中学校へ。小学3年生のときに体育を指導、中学1年生のときに担任としてちゃんえなと関わる。

ちゃんえな（以下ち）「はじめては小学校のとき?」
先生「ボクがまだ千代田小学校に勤めていたときやな」
ち「そのころの恵那ってどんなかんじやった?」
先生「いや〜、とにかく頭がまっ金キン!!」
ち「え、違うから!! 金じゃない!! 茶パツくらい!!」
先生「とりあえず色白で、髪が明るくて、運動神経がいいって印象。低学年のときは目立つようなコではなかったけど、高学年のときにヤバイことなってるってウワサは、ボクが移動した千代田中学校まで届いてたけどな」
ち「そうやったん?（笑）」
先生「中野のイメージが小学3年生のままやったから、ウワサがいろいろ聞こえてきたときは『えっ!?』ってなったわ。だから中学校に入学してくるってなったときは、どんな状態でくるんやとゾッとしてた（笑）」
ち「入学式でひさしぶりに見たとき、どんな印象やった?」
先生「なかなかなかんじできたなって思ったわ（笑）。完全な金パツ!というか金を通り越して白やったな!!」
ち「いまよりもっとハデだったよね!」
先生「そうそう。ルーズにピンクのカーデ、メイクもしてるし、ピアスもしてるし、スマホ持ってるし…」

……そうやで（笑）

あれは地毛やったんか?

先生「逆に先生のことはどう思ってた？」
ち「えー、なんかすごい熱血！ 何に関しても熱いから、どうしょ〜って思ってた（笑）」
先生「中野の学年のコたちってオトナ不信が多いのかなって思っていて。ワーワーといろいろいうけど、そのぶん放課後に勉強を教えたりとか気をつかってはいたかな」
ち「髙田先生は親身になってくれてたもんな。先生ってかんじじゃなかった！ 話しやすい関係をつくってくれてたから、学校にも行きやすくなってたかな」
先生「それはめっちゃ心がけてた！ 先生たちも、みんな子どものことを考えて仕事やってたから。安心して学校にこれるように努力してたで」
ち「学校と恵那の家が近いっていうのもあって、朝起こしにきたこともあったよね（笑）」
先生「お母さんと本人の許可を取って、学校で黒染めしたこともあったしな」
ち「あー！ 思い出した!! たしか理科室で染めた気がする!!」
先生「そうそう。けど、どうにか話しやすい関係をつくなって思ってたから、心を開くのも比較的早かったな」
ち「べつに髙田先生のこと嫌いじゃなかったもん...。おもしろかったし！」
先生「最初は顔合わせてもぜんぜん話さなかったよな」
ち「そやったっけ？（笑）恵那もともと静かなだけやし」
先生「こんな機会じゃないと聞けへんから聞くけど、あのころなんであんなに荒れとってん!?」
ち「わからへん！ 過去の自分に聞きたい！ まぁでも、あれはあれで思い出♥（笑）」
先生「思い出ってなんやねん！（笑）自分でも何に腹立ててるかわからんかったんか？」
ち「たぶん...、目立ちたかったんかな〜？ それだけ」
先生「それだけなん!?」
ち「でも、ほかの先生だったら、もっということ聞いてなかったと思う！ 髙田先生は頭ごなしに怒るんじゃなくて、ほかのコミュニケーションも大事にしてくれてたから」
先生「それはよかった。『ちゃんえな〜』って呼んだりしてたのも苗字で呼ぶより、ちょっとふざけて名前を呼ぶほうがクスクス笑ってくれて指導しやすいかなって思ってたからや」
ち「そうなん!? 知らんかった!!」
先生「だから、自分がふざけていった〝ちゃんえな〟ってあだ名でモデルやってるのが違和感ではある。なんで〝ちゃんえな〟にしたんや？」
ち「恵那って、むかしからあだ名が何もなくて。はじめてPOPに出たときに『あだ名は？』って聞かれたから、とっさにいっちゃった！（笑）」
先生「最近はテレビとか、いろいろがんばってるみたいやな。苦労もするかと思うけど、目の前を通りすぎるチャンスをドンドンつかみ取って、がんばれよ!!」
ち「感動した！」
先生「ひと言で終わるんかい！（笑）」

（写真キャプション）
当時のようすを再現
ちゃんえな〜!! ルーズ没収や〜!!
まずは準備運動！
イッチニ♪ イッチニ♪
フリースロー対決
ドキドキ
やったー♪
ウソやろ...（泣）

ちゃんえなの美容DAYに密着！

イロコーデ
移動はスニーカー！
美容DAYは徒歩でカロリー消費！

美容DAYスケジュール

11:00	起床
12:00	美容室
15:00	ランチ
15:45	ネイル
18:00	小顔サロン
20:30	岩盤浴
24:00	就寝

休みの日は10時間以上寝る！
ネイルデザインは自分で決めるよ！
移動中に「ジアレイ」のタピオカドリンク♪

アウターはMeow、トップスはスパイラルガール、ボトムはガールズルール、バッグはナイスクラップ、靴はコンバース！キャップは蓮ンのシュプリーム借りたよ♪

★所要時間　2時間
★かかる金額　¥1590

ハードな運動はしないけど汗をかくことは習慣化！

12:00 スタッフさんとも仲よし！
美容室『アンククロス』へ

「カット、カラー、トリートメントをイッキにやるよ！スタッフさんはJKバトルのときにはアンケート書いてくれて、PopteenTVもめっちゃ見てくれてる！居心地いい店だよ♥」

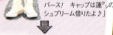
担当 高橋さん
めっちゃサラサラになるよ！

★所要時間　2時間
★かかる金額　¥16090

15:00
ヘルシー＝高いイメージ！ランチの店は安さで選ぶ♪

「ガストやサイゼとか安い店で、ヘルシーそうなものを頼んでる。定食やサラダとか！予算は¥1000だけど、¥1250までならギリギリ出せるかな。昼は、しっかり食べるよ！」

野菜から食べるよ！

★所要時間　45分
★かかる金額　¥1000

18:00 モデルが多数通ってる！
小顔サロン『ドーリシア』

「月1くらいで通ってるよ。即効性もあるし、寝ちゃうくらい気持ちよくてリラックスできる！ただ寝ちゃうと効果がなくなる気がするから、がんばって起きてるようにするんだ!!」

★所要時間　1時間30分
★かかる金額　¥12960

気持ちよすぎる〜♥

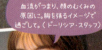
姿勢が悪いと肩まわりの血流がつまり、顔のむくみの原因に。胸を張るイメージで過ごして。（ドーリシア・スタッフ）
サイズも測るから結果がわかりやすい！

AFTER　BEFORE

ちゃんえながいつも受けてるのが『即効小顔造顔メソッド70分コース』。内容は、クレンジング→顔、デコルテラジオ波→即効小顔造顔マッサージ→ローションパック→整肌だよ。

20:30
温泉もついてるしお得♥『さやの湯処』で岩盤浴

岩盤浴まえもしっかり水分補給！

「岩盤浴は、20分×5分休けい→20分×5分休けい→40分のペースで入ってる。はじめは汗が出にくいけど、3回目になると出やすくなるから長めに入るよ！水飲まないと汗も出ないから、500mlのペットボトルは岩盤浴中に飲みきるようにしてる!!」

シュッ
シュッ

蓮ンとおしゃべりしてればあっというま！

「蓮ンには『1ℓは飲め』っていわれてるんだけど、飲めない。ふだんはあんまり水分を取らないの♪」

「恵那は代謝が悪いから、なかなか汗をかかない。お客さんがいなければ、ちょっと体を動かしてる(笑)」

ボソッ
アンチが増えてきて不安なんや…

「K-1のこと、POPのこと…マジメな話をけっこうするよ！K-1は詳しくなった!!」

ちゃんえなの買い物DAYに密着!

ショッピング3か条
- **その1** 〝安く大量に〟を心がける
- **その2** 〝可愛い&安い〟ものだけ
- **その3** 店の隅から隅までチェック

ショッピングは… 絶対1人で行きたい!
「友だちとは服の系統も違うし、真剣に見られないから。そんなすぐに決められないし!」

予算 ¥10000
「基本的に服は、1着¥1000くらいで買うのが理想。この予算なら、けっこう買えるよ!」

カートは持たない派

ショッピングコーデ
「オールインワンを着て買い物行ったとき、面倒になって試着しなかったら、買い物に失敗したことがある。どんな服にも合うインナーとか黒のボトムをはいていくと、試着のときスムーズだよ」

スカート以外全身GU! 脱ぎやすい服がいい♪

お気に入りショップGUで買い物START!

このコーデ可愛い♥

GUのインスタ開いてアイテムチェック
「ふだんから見てるけどね! 気になるコーデとかアイテムが置いてある場所に直行するよ♪」

マネキンはやっぱおしゃれって最近気づいた!
「いままでは〝とりあえず服着てる〟って思ってた(笑)。いまはマネキン買いすることも!」

〝可愛い&安い〟が同時にかなったものだけ買う!
安っ!
「いくら可愛くても、値段が高かったら買わない。恵那的にアウターは¥4000以下なら許せるかな」

ドヤッ

〝きょうは買う!〟気合いの日だけかごを持って参戦
「かごに服入れてたら〝コイツ買う〟って思われて、やっぱり買わないってなったとき気まずい」

MY COORDINATE

GUのキッズスカートがサイズ感がちょうどいい!

男ウケコーデもつくれちゃう♥
「どこのブランドも、ボトムが合うところがなかなかない。GUの150cmはピッタリ!」

スペース見つけたらコーデ組んでみる!
「試着もするけど、小物加えながらコーデ組んでみるよ。試着室でも、長時間自分と向き合う!」

店員さんには自分から声かけて情報収集!
「ないってわかっててもわずかな希望でこれありますか?とか聞いてみることもあるよ!」

ショッピング後
「こんなに安くこんなにGETできた」と余韻に浸る
「この瞬間がうれしい♥ 家にある手持ちの服と合わせてコーデ組んだりもするよ!」

FINISH!

韓国&タピオカ大好き

蓮々と一緒にゴハンを食べに行ったり、1人でブラブラしたり、

マジでオススメ★
抹茶は3層になっていて
濃厚で本当においしい!!

1 茶加匠(チャカショウ)
DATA
ちゃんえなのイチ押し！
住 東京都新宿区北新宿3の1の21 大塚ビル1F ☎03・6279・2958 営11:00～22:00 無休

2 HOMIBING(ホミビン)
DATA
一年中人気のデザートカフェ。ホミビン 新大久保店 住 東京都新宿区百人町2の3の20 ☎03・6205・5440 営11:00～23:00 無休

生マンゴーホミビンが
いちばん好き！ 口に
入れた瞬間溶ける♥

TAPIOKA♥

POPモデルの乃愛と
一緒にチーズタッカルビを
食べたよ！

4 ジョンノ
DATA
ジョンノ チーズタッカルビ
住 東京都新宿区百人町1の7の16 フォーラム新大久保1&2階 ☎03・6205・5165 営10:30～23:00 無休

タピオカのことなら
タピオカマスターの
恵那にまかせて!!

ココのはさっぱり系！
ごはんを食べたあとに
デザートとして♪

5 Chatime(チャタイム)
DATA
台湾発！ 世界24か国で展開中。チャタイム 新大久保店 住 東京都新宿区百人町1の5の4 ☎03・6273・8120 営11:00～21:30 無休

6 辛ちゃん(シンちゃん)
DATA
韓国式骨つきチキン専門店。辛ちゃん2号店 住 東京都新宿区百人町1の5の4 東都ビル105 ☎03・6205・6382 営17:00～翌5:00 無休

甘辛いタレのピリ辛
ヤンニョムバーベキュー
チキンが好き♥

撮影／堤博之[メイン]

ちゃんえなの 新大久保オススメ MAP ♥

よく行くよ!! 新大久保を歩いていたら恵那に会う確率高め♥

3 SKINGARDEN スキンガーデン

DATA
東京都新宿区百人町2の1の2 K-PLAZA Ⅱ 1F,2F
☎03・5291・1808 営1F／10:00〜22:30、2F／10:00〜22:00 無休

新大久保でコスメを買うならココ♪ 品ぞろえがすごくいいよ!

CHEESE HOTDOG

ミニストップ

大久保通り

リウル市場
ローソン
イケメン通り
西大久保公園
セブンイレブン
ドン・キホーテ
公園
大久保小学校
ファミマ
職安通り
→東新宿駅

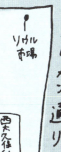

YUMMY!

9 松屋 マツヤ

DATA
韓国伝統民俗料理元祖 松屋
東京都新宿区大久保1の1の17 ひかり荘1F ☎03・3200・5733
営11:00〜24:00 無休

蓮クンとよく行く♥ 鍋系は全部おいしいけど恵那はタコ鍋が好き

7 ペク鉄板0410

ここのチャーハンがおいしいって聞いてこんど行ってみたい!

DATA
韓国で有名なシェフがプロデュース! 東京都新宿区百人町1の1の4 B1F ☎03・6233・7948 営11:00〜23:00 無休

8 宋家ガムジャタン ソウケ

DATA
東京都新宿区大久保1の12の28 1F ☎03・3205・9555 営月〜金／17:00〜翌1:00、土・日・祝／15:00〜翌1:00

蓮クンのイチ押し! 鍋料理と生牡蠣がおいしかったよ★

※店舗情報は2019年3月時点のものです。

089

\\ おしゃれできない学校でもできる //
あざと可愛い 制服テク♥

しぐさや持ち物、ちょっとしたことでもネコっぽい"あざと可愛さ"が手に入るよ♪
撮影／堤博之 [P.91分]

「見た目も可愛い 香りアイテム」

持ってるだけで可愛いネコグッズ。ほんのり香るアイテムだから、学校でも使えるよ♥

「肉球の香りのハンドクリームっていうネーミングがもう可愛いすぎ♥ リップグロスはネコの鼻にキスしてるみたいなひんやり感があるよ！ 目で見て可愛いものってやっぱりテンションあがる♥」

ポニテでうなじ見せ

「ネコガーリーな制服スタイル」

甘アイテムにカジュアルアイテムをMIXする、ネコガーリーのルールを制服にも活用！

「制服には細めのリボンがマスト！ ピンクを取り入れたら、黒とかネイビーで引きしめるのも忘れずにね♥」

「ネコっぽくて可愛いしぐさ」

じー

プイッ

ぎゅ〜

じーっと見つめて目が合うとプイッとそらしたり、カーテンや腕にぎゅ〜って抱きついたり、そういうネコっぽいしぐさってあざとい♥

学校カバンの中身

持ち物は意外と甘くない これぞギャップってヤツ

A. ロフトで¥1900だったスマホライトは、みんなで自撮りするときに使うよ　B. BOSEのヘッドホン★ 登下校のときはこれでTWICEを聴いて、気分をあげるよ！　C. ウェイリーとコラボしたスマホケース。窓にくっつくし、ミラーつきで超実用的♪　D. マイメロのエチケットポーチの中は、めん棒とコームとヘアゴム、リボンとか入れてる。

学校の日の毎朝ルーティン

起きてから家を出るまで **60分**

蒸しタオルで朝いちばんのむくみをOFF

リンパマッサージで顔スッキリ★
「あごから耳、耳から首…とリンパマッサージを5分。これで完全にむくみが取れる」

白湯を飲んで冷え性を防止する
「白湯をゆっくり飲んで、体の中をあたためると自然とヤセ体質になれるってウワサ♥」

ゴロゴロしながらSNSを見たり♥
「家を出る10分まえにSNSをチェックして、きょうもがんばろーって、気合い注入」

ちゃんえなに100の質問

好きなものからPOPや恋愛のことまで、100の質問に答えてもらったよ♥
これを見れば、ちゃんえなのことがもっとわかるはず!!

Q.001 自分の性格をひと言でいうと？
単純

Q.002 長所は？
空気が読める!

Q.003 短所は？
ネガティブ

Q.004 特技は？
時間を守れる。

Q.005 趣味は？
食べて寝ること。

Q.006 好きな食べ物は？
牛タン、タピオカ、ラーメン！

Q.007 嫌いな食べ物は？
エビ、にんじん

Q.008 好きな色は？
ピンク、白

Q.009 嫌いな色は？
ない？

Q.010 自分の好きなパーツは？
ふたえ

Q.011 コンプレックスな部分は？
全部!!

Q.012 まわりからよくなんていわれる？
人見知り

Q.013 好きなにおいは？
甘いにおい

Q.014 嫌いなにおいは？
エビのにおい

Q.015 好きな歌手は？
TWICE

Q.016 好きな男性芸能人は？
岩チャン

Q.017 憧れの人は？
白石麻衣サン

Q.018 尊敬する人は？
おじーちゃん

Q.019 何フェチ？
筋肉！

Q.020 小さいころの夢は？
ケーキ屋さん

Q.021 S？ それともM？
相手による！（笑）

Q.022 似てる芸能人は？
今田美桜サン、桐谷美玲サン、河北麻友子サン…
いろんな人に似てるっていわれる。

Q.023 クチグセは？
「なんか〜」

Q.024 よくするクセは？
口をさわる。

Q.025 好きな季節は？
花粉がないから秋。

Q.026 出没スポットは？
新大久保

Q.027 弱点は？
ワキを
コチョコチョされる。

Q.028 好きな花は？
ひまわり

Q.029 好きな漫画は？
『銀魂』

Q.030 好きなキャラクターは？
バーバパパ

Q.031 好きな言葉は？
ありがとう

Q.032 好きな映画は？
『SAW』。ホラーが好き。

Q.033 好きなテレビ番組は？
『しゃべくり007』

Q.034 行ってみたい国は？
韓国

Q.035 好きな教科は？
体育

Q.036 苦手な教科は？
国語

Q.037 休日は何してる？
寝てる。

Q.038 いつも心がけていることは？
ハッピーなことを
考える。

Q.039 美容のために心がけていることは？
バランスよく3食食べて、
適度な運動をする。

Q.040 がんばった日のご褒美は？
好きなだけ食べまくる!!

◀Q.041▶ いわれてうれしい言葉は？
可愛いい、やさしい、性格いい！

◀Q.042▶ やってみたい習い事は？
ダンス

◀Q.043▶ コンビニでつい買ってしまうものは？
アイスカフェラテ

◀Q.044▶ やってみたいバイトは？
タピオカ屋さん

◀Q.045▶ 好きな場所は？
POP編集部（笑）

◀Q.046▶ 朝起きていちばんにすることは？
体を伸ばす。

◀Q.047▶ 寝るまえにすることは？
ウエストねじり100回、
お尻上げ100回！

◀Q.048▶ カラオケの十八番は？
『涙そうそう』

◀Q.049▶ これすると絶対に笑っちゃうことは？
NON STYLEサンの
ネタを観る。

◀Q.050▶ いま、いちばん
がんばっていることは？
自炊

◀Q.051▶ 朝食料理は？
茶粥（かゆ）

◀Q.052▶ オトナになったなって思う瞬間は？
オトナの人との会話が
楽しくなってきた。

◀Q.053▶ ストレス解消法は？
お風呂の中で歌う。

◀Q.054▶ いままででいちばん心に残っている言葉は？
おばーちゃんにいわれた
「継続することが大事」

◀Q.055▶ 平均の睡眠時間は？
8時間

◀Q.056▶ 100万円ひろったらどうする？
貯金

◀Q.057▶ 過去に戻れるなら何をしたい？
小学校に戻って
遊びまくりたい!!

◀Q.058▶ 嫌いな人は？
嘘をつく人

◀Q.059▶ 宝物は？
えなfam♥

◀Q.060▶ ちゃんえなにとってファンとは？
家族と同じくらい
大切なもの!!

◀Q.061▶ LINEの友だちの数は？
299人

◀Q.062▶ 親友何人いる？
4人

◀Q.063▶ よくみるインスタは？
森絵梨佳サン

◀Q.064▶ 好きなYouTuberは？
ヘキトラハウス

◀Q.065▶ 家の中で落ち着く場所は？
夏はトイレ、
冬はコタツ（笑）。

◀Q.066▶ よく使うアプリは？
『太鼓の達人』

◀Q.067▶ 団体行動派？一匹狼派？
一匹狼派！

◀Q.068▶ 友だちのなかでの役割は？
ツッコミ

◀Q.069▶ いままででいちばん高い買い物は？
私服撮影のために1回で
5万円分の服を買った。

◀Q.070▶ 大阪に帰ったら絶対すること は？
おじーちゃん＆
おばーちゃんに会いに行く。

◀Q.071▶ 生まれ変わるなら
何になりたい？
男

◀Q.072▶ 最近いちばん笑ったことは？
このスタイルブックの撮影中

◀Q.073▶ 最近いちばん怒ったことは？
蓮クンと一緒にいるとき
ずっとゲームをしてた。

◀Q.074▶ 最近泣いたことは？
POPで好きなモデルランキングの順位が下がったとき。

◀ Q.075 ▶ 人生でいちばんくやしかったことは？
乃愛＆ねおチャンにピン表紙を越されたこと。

◀ Q.076 ▶ 怒るとどうなる？
すっごい関西弁になる。

◀ Q.077 ▶ 初恋は？
小4

◀ Q.078 ▶ いままでつき合った人数は？
6人

◀ Q.079 ▶ 初キスは？
中学1年生

◀ Q.080 ▶ 好きな男性のタイプは？
男らしくてやさしい。

◀ Q.081 ▶ ぶっちゃけモテる？
モテない!!

◀ Q.082 ▶ つき合うとどうなる？
いちずすぎるくらいいちず!!

◀ Q.083 ▶ 男性のどんなところにドキッとする？
ぬれた髪

◀ Q.084 ▶ 好きな男性のファッションは？
ダボッとしたシルエットのパーカ

◀ Q.085 ▶ これをされると冷めるってことは？
店員さんに対して態度がでかい。

◀ Q.086 ▶ キュンとする言葉は？
蓮クンからいつもいわれる
「きょうも世界一可愛いね♥」

◀ Q.087 ▶ 甘えたい派？甘えられたい派？
甘えたい♥

◀ Q.088 ▶ 無人島に3つ持って行くなら？
蓮クン
ニワトリ
除菌スプレー

◀ Q.089 ▶ 浮気されたらどうする？
電柱にくくりつける(笑)。

◀ Q.090 ▶ とっておきの秘密は？
寝顔がブス♥♥

◀ Q.091 ▶ 地球最後の日何する？
のんびりする。

◀ Q.092 ▶ 10年後何してると思う？
バリバリ働いてる!!

◀ Q.093 ▶ POPでよく遊ぶのは？
れいぽよ＆なちょす

◀ Q.094 ▶ 前世は何だったと思う？
ネコ♥

◀ Q.095 ▶ これだけはほかのPOPモデルに負けないってことは？
体型維持

◀ Q.096 ▶ POPモデルでよく語るのは？
愛瑠

◀ Q.097 ▶ POPでの目標は？
ピン表紙!!

◀ Q.098 ▶ POPモデルで一日だけ入れ替われるなら？
リコリコ
毎日が楽しそうだから。

◀ Q.099 ▶ POPの後輩にアドバイスするなら？
いまあることを全力で取り組んでね!!

◀ Q.100 ▶ 最後にえなfamにひと言！
大好き♥
Love♥

つき合ってしばらくすると絶対に
「オレのこと本当に好きなの?」って聞かれる。
恵那は自分の感情を表現するのが苦手だから
きっと不安になっちゃうのかも…。
好きって伝えるのってむずかしい。

恵那は、自分のことを好きになってくれた人を好きになるの！

　はじめてつき合ったのは小学4年生のとき。同じ学校で**2コ上のちょっと不良な先輩**。このころ仲がよかった女友だちが2コ上だったってこともあって、まわりの男のコも年上ばかりだったの。なんでつき合うことになったかっていうと、本当に軽はずみな理由！　まわりに「恵那ちゃんたちもつき合っちゃいなよ〜」っていわれて、**ノリでつき合ったかんじ。**だから、カップルっぽいことは何にもしてないよ！　一緒に下校したり、公園で鬼ごっこしたり、つき合ってるっていっていいのかなってレベル(笑)。当時はつき合うって言葉に憧れてた部分があるから、どこが好きだったのって聞かれたら答えられないな…。で、この彼には2か月後**「やっぱ友だちでいたい」っていわれてフラれた。**恵那もそこまで好きじゃなかったから「うん」っていって、はじめての恋が終わったんだ。

　小学校のときって、ノリでつき合うのがちょっとしたブームになっていて、そのあとも「つき合おう、つき合おう、イェイイェイ！」みたいなかんじで、**小学校では計3人とつき合ったよ。**

　それから中学生になって、ある日話ししたことのない1コ上の先輩から「ひと目ボレしたから、つき合って」って突然メールがきて！　話ししたことのない人だったから、最初は友だちからってかんじでメールのやりとりをしてたの。でも、恵那もそろそろ彼氏が欲しいなって思ってたから、つき合うことにしたんだ。でも、この人がめっちゃくちゃ人見知りで！　私も人見知りだから、学校ではひと言も話さなくて。**半年くらいメールだけの関係**だった(笑)。はじめて話ししたのは半年くらいたったとき、彼の誕生日に恵那がプレゼントを渡して。向こうが「ありがとう」っていったのが、つき合ってはじめての会話だった(笑)。そんな関係が1年続いて、さすがに「そろそろ遊びたい！」ってメールして。何度か遊ぶ約束をしたんだけど、当日になると彼が緊張しすぎてドタキャンするから、なかなか遊べなかったの。で、やっと地元のショッピングモールで初デートできたんだけど、これがキッカケで急激に仲よくなったんだ♥　でも、1年ちょっとたったくらいに、まわりの友だちカップルが別れだして…。そしたら私たちまでそういうフンイキになっちゃったんだよね。**ケンカとかいっさいしてないのに突然「別れよ」って**メールがきたの。あまりにも急すぎたからびっくりしちゃって。最初は「嫌や！」っていってたけど、だんだん疲れてきて…。最後は「はい、わかりました」ってメールで返事して終わったよ。

　そこから、しばらくは何もなかったんだけど、**中学2年の終わりにむかしからよく遊んでいた2コ上の先輩**といいかんじになって。ある日ユニバに遊びに行って、そこで告白されてつき合うことになったの♥　この人のことはめっちゃ好きだった!!　でも、1か月半くらいたったときに、急にフラれて…。めっちゃ好きだったから泣きながら「なんで!?」って引き止めたし、家でもずっと泣いてたな〜。この出来事がショックすぎて、**ここからちょっと男性不信になった…。**で、3年間の彼氏なし生活がスタート！

　恵那って**基本自分から人を好きにならない**の。カッコいいなって思うけど、ひと目ボレはしないし、つき合いたいとも思わない。単純だから好きっていわれたら、その人のこと好きになっちゃうの。じつは男の人にあんまり興味ないのかも…。どっちかっていうと、男のコとは恋愛よりも、友だちとして仲よくしたいんだよね。それに、むかしからママが「男ってそんないいもんじゃない」っていってたのも少し関係あるかも。もうこのまま一生人を好きになれないんじゃないかって思ってたから、**蓮クンと出会えて本当によかった**なって思う♥　もし出会えてなかったら、たぶんいまでも恵那は1人だった！

恵那と別れたらオレはもう一生彼女ができないと思う

恵那と出会うまではGALメイクのコがあんまり好きじゃなかったんだけど、恵那ははじめて出会ったときから可愛いなって思った。きっとGALメイクじゃなくても可愛いんだろうな～って。そしたら会うたびにメイクが薄くなって、どんどん可愛くなっていったよね。恵那のこと意識し始めたのは、はじめて練習を観にきてくれたときかな。なんでかすごい緊張しちゃって。オレ、なんでこんなに緊張してるんだろうって思ったよね(笑)。練習中もすごいドキドキしてて、そこから意識するようになった。試合で入場やリングに上がるときって、いろんなことを考えるからやっぱり怖くて。でも恵那と出会ってからは恵那のことすごい考えるようになった。泣いてる恵那の顔とか考えたら、がんばらないとなって気合いが入る。恵那はネガティブだけど、モデルでやってやろうって気持ちがめっちゃ強い！ある意味、格闘家みたいですごいなって思う。そんな弱々しくないところも気が合うんだよね。親や友だちから「恵那ちゃんと別れたら終わりだね」ってよくいわれるけど、オレも恵那と別れたらもう彼女できないって思ってる。恵那もオレもカン違いされやすいところがあるけど、恵那のイイところはオレやオレのまわりの人たちにはちゃんと伝わってるから。これからも恵那の人生のなかで、ずっとパートナーとしていたいな。大好きです！だれよりも。

> 弱そうに見えるけどじつはすごく気持ちが強くて格闘家みたいなところがすごいなって思う！

蓮クン→ちゃんえな

やだ蓮♥

えーなチャーン！

ちゃんえな→蓮クンへ♡

蓮クンのおかげで恵那は恵那らしくやってこれた！

いつも恵那のことをいちばんに考えてくれるやさしくて男らしい蓮クンが大好き♥♥

恵那たちって写真とかをSNSにあんまりあげないから、よく「別れたんですか？」って聞かれるよな(笑)。冷めてるって思われるけど、恵那たちにとったらこれがふつう。昭和カップルだからベタベタなかんじではないけど、蓮クンは日々恵那のことをキュンキュンさせてくれてるよね♥ ケンカだって半年に1回くらいしかしないし。蓮クンの好きなところはいっぱいあるけど、いちばんはやさしいところ。あと、いつも恵那のことをいちばんに考えてくれてるところも好き♥ 落ち込んでるときは全力でホメて気分をあげてくれるし、前向きなアドバイスをくれる。恵那がこ こまでがんばってこれたのも、蓮クンがいてくれたおかげだと思ってるよ！ ほんとは蓮クンだって悩んでることもあると思うのに、いつもポジティブだよね！ そんな蓮クンをみて恵那も変われたし、カッコいいなって思う。あと、いままでは格闘技とか興味がなかったけど、蓮クンと出会ってから世界が広がった！ ウチらって基本似てるところが多いから気をつかわなくてラク♪ けど、ポジティブな蓮クンとネガティブな恵那、ノリの蓮クンと計画的に動きたい恵那、お互いぜんぜん違う部分もあって中和されてるかんじ。まだ、お互いのいちばんの夢がかなってないから結婚とかはまだまだ先だけど、いつかは…ね♥ いつも本当にありがとう。心から大好きです♥

このかんじ、むかしのPOPを思い出す！(笑)
by Tsubasa

ちゃんえな(以下ち)「今回は対談していただいて、ありがとうございます!! POPの先輩として、いや、人生の先輩としてアドバイスいただきたいです!!」

つばさ(以下つ)「アドバイス!? 私にできるかな(笑)」

ち「じゃあ、さっそく♥ いまってSNSの時代じゃないですか。私、じつはすごい苦手で…」

つ「苦手なんだ!(笑)恵那ザゎは何が苦手なの?」

ち「いちばん苦手なのは動画系で。あとは自分の気持ちを伝えるとか、そういうのが苦手です」

つ「私の時代はブログ1本勝負で。自分たちでホームページを立ち上げてやっていたの。そしたらオトナたちが目をつけて、そこから若いコ向けのサイトがいろいろできたんだよね。でもブログだけだったから、そんなに大変じゃなかったかも! 文章を書くのは好きだったし」

ち「そのときは毎日更新してたんですか?」

つ「毎日してた! でも、いまの時代だったら私もきついなって思う(笑)。いまのコって大変だよね」

ち「Twitter、インスタ、Tik Tok、YouTube…なんか、いっぱいありすぎてワーってなります(笑)」

つ「そんなにやってるの!? 恵那ザゎは、どれがいちばんやってて楽しいってなって思う?」

ち「インスタです! インスタって自分の世界観を更新できるかんじが好きで。逆にTik Tokは苦手です…」

つ「私だったら苦手なSNSはたぶんやらないかも。どうだろ!? やってるのかな〜?(笑) そのかわり、自分が得意なSNSの更新をがんばる! いっぱいあって大変だね」

ち「そうなんです。私、不器用なんで…。あと、いっぱいあるからコメントを返すのも大変で…」

つ「なるほどー。いまとは違うけど、私もブログの返事はできるだけ全部してた! ファンレターも全部返してたし、夜中までかかって眠れなかった覚えがある(笑)。でもそれは単純に、自分にファンがいるって感覚がすごく不思議で。うれしくて返してたってかんじかな。返事がきたら、ファンのコもうれしいのかな〜って!」

ち「そうですよね! 私もファンのコによろこんでもらえたらうれしいなって思って、なるべく返すようにしてます!! けど、チェックするSNSが多くて大変だな〜って(笑)」

つ「そうだよね〜。私はSNSのツールが増えていったときに、『コメントを返信するのはこのツールだけです』ってかんじでひとつに絞ったの。っていうのも、コメントを見逃したくなかったから。いろんなところにコメントがくると、絶対に見ないものや見逃しが出てきちゃうから!」

ち「たしかに!! その方法は思いつかなかったです!!」

つ「みんなもどこに書いたらいいかわからないし、どこに書けばいちばん返信くれるんだろうって思ってるはず」

ち「そうですよね! なんか、とりあえず返さなきゃ!って考えてたら、全部途半端になっちゃって…」

つ「SNSって自分も楽しくないと、きっとつらいからね。それか、その苦手な気持ちをファンのコに伝えてみたら? きっとファンのコも恵那ザゎの本当の気持ちを知りたいと思うから、苦手なところもふくめて好きになってくれると思うよ」

ち「そっかぁ。なんか感動しました!(涙)」

つ「ムリしてやっても全部やめたくなっちゃうから、SNSは自分が楽しいって思える範囲でやるのがいいよ!」

ち「はい! POPって個性を大事にするじゃないですか。つばザﾆは、どうやって努力してましたか?」

つ「私が入った当時は1人だけGALで。1人だけ身長も

キンチョーしすぎて、うまくしゃべれへん!!(涙)
by Ena

150cmだし、ほかのモデルはみんな美人でスタイルもよくて。横に並んでると、いつもコンプレックスをかんじてたの！ でも、どうやったら自分がここにいてもいいのかなって考えたとき、まずは自分が好きなものを大切にしたいなって思ったの。あとは、すごく背が低かったから逆に背が低いからできるファッションをしたいなって思った！ 背が高い人が『いいな、私それ着られないんだよね』っていってくれるようなコーディネートを考えて試行錯誤しながらやってたよ。だいぶ、いっぱい失敗したけどね!!（笑）」

ち「えー！ つばさｻﾝでも失敗するんですか!? じつは、私も1年半くらいまでGALだったんです♥」

つ「そうだよね！ 私も恵那ｻﾞﾝはGALのイメージだったから、対談の話をいただいたときにインスタを見てフンイキが変わってるなってびっくりした！」

ち「そうなんですよ〜（笑）。もともと甘い系が好きだったんですけど、恋愛がキッカケで変わりました。つばさｻﾝはGALじゃなくなったとき、何かいわれましたか？」

つ「いわれた、いわれた！ いまだにいわれる!!（笑）いわれるけど自分はこれがしたいから、ごめん！ってかんじ（笑）。いろいろ極めたほうがいいとは思うけど、自分にウソはつかなくていいと思うよ。いまそれが好きなんだったら、それを極めればいい。もし、来年クールなものが好きになったとしても、それはブレてるとは思わない。1年で人は成長するからね。でもどうしようか迷ったときは、まわりの意見を聞くようにしてる。POP時代にアンケートで1位になったときは、そのメイクや髪型が好きなのかな〜って思って変えなかったし！」

ち「私もGALのときは人気がなかったんですけど、いまのかんじに変えたときに反響が大きくて！ この自分がいちばんファンのコに好きって思ってもらえてるのかなって。でも、人気を継続するって難しいですね…」

つ「正直私はどうでもいいって思う！ こんなこといったら編集長に怒られるかな？（笑）けどランキングを気にしてるよりも、自分の好きなことをしたほうが勝手に人気があがるんじゃないかな？ まわりの目ばっかり気にしてたら、自分らしくできないと思うし！」

ち「そうですよね！ もし、つばさｻﾝが私だったらどうしますか？」

つ「いまの自分がダメなんだなって思って、何かを変えるかな！ あと、人気のコがなんで人気なのか徹底的に研究する。それで自分も取り入れる！ べつに最初はマネからはじめていいと思うの。それをだんだん自分らしくしていけばいいんじゃないかな」

ち「どうしよー！ めっちゃ参考になりますね!! なんか、もはや対談じゃなくて私の人生相談!!（笑）私、つばさｻﾝがプロデュースしたキャンディドールやドーリーウインクをめっちゃ使ってます♥」

つ「えー、ありがとー♥」

ち「なんで、そんなにプロデュースが上手なんですか!?」

つばさｻﾝ おしゃれ♥

KISS LOVE

どうやったらできるかを考えたほうがいい♪

by Tsubasa

すべてが名言すぎて… 名言集ほしいです!!

by Ena

つ「それは質問されるようになって意識するようになったかも！ 自分ってプロデュース上手なんだ〜って」

ち「当時、古着を着ていたと思うんですが、あれはあえてまわりとカブらないように意識してたんですか？」

つ「カブらないことをしようって思ってたわけじゃなく、当時はお金がなくて。どうしようって考えたら安く買える古着にたどりついたの。どうやったら自分がやりたいことができるのか、やれない理由を考えるより、どうやったらできるのかってことを毎日考えてた！」

ち「すごい…。つばさサンがいう言葉がすべて名言です（涙）。名言集があったら買いたい!! じつは、私もいつかプロデュースとかしてみたいなって思っていて。何かアドバイスほしいです!!」

つ「私はプロデュースの話をもらうまで、そういう仕事があるって知らなくて。だからプロデュースのためにがんばったことはないの。たけどメイクが大好きだったから、よく分析してた！ なんでこれが好きとか、なんでこれがいいとか、なんとなく使うんじゃなくて、全部なんでいいのか理由を説明できるようにしてたかな！」

ち「へ——！ それはなんでなんですか？」

つ「私がPOPに入ったばっかりのときに『きょうのコーデのポイントは？』って編集部の人に聞かれても答えられなくて。先輩たちはハキハキ答えてるのが、すごくいいなって思ったの！ 私もマネしたいって思ったから、何か聞かれたら全部理由がいえるようにしたんだよね」

ち「そうなんですね！ 全部とかすごいな…」

つ「理由を全部いえるようになったら、自然とコスメが詳しくなって。説明ができるとプレゼンができるからプロデュースもできたの！ プロデュースするって、なんとなく可愛いじゃダメで、商品のよさを説明しなきゃいけないから。恵那ザもいつかプロデュースしたいなら、いまのうちからいろんなものを見たほうがいいよ！」

ち「ありがとうございます!! つばさサンの言葉、全部心にささりました!! 私、きょうから生まれ変わります!!」

つ「がんばってね♥」

「高校生なのに色っぽい！」

「きょうから生まれ変わるんでつばさサン見ててください!!」

ちゃんえなの人気急上昇を見事的中!

原宿の母・すーちゃんにご報告＆
これからを占ってもらった♥

この本でいろんな恵那を知ってもらえたはず♪ 最後に以前も占ってくれた原宿の母・すーちゃんが、今後の恵那について教えてくれたよ!!

2017年7月号で占ってもらったときに…

こんなことをいわれたよ！

「2017年の秋からチャンスが訪れる!!」

秋にこんなことが起きた！

★『オオカミくんには騙されない』で人気急上昇！
★蓮クンと出会ってつき合う♥
★JKサバイバルで1位になり、夢の表紙デビュー！

2年前

すーちゃん
────
原宿の母の愛称で親しまれている、すーちゃんこと菅野鈴子先生。占い師歴30年以上で、手相芸人・島田秀平"の師匠！テレビやイベント出演、雑誌掲載など多方面で活躍。

占いが的中したことをすーちゃんにご報告！

よかったわね～♪
ありがとうございました！

こだわるととことんこだわるタイプで100か0の人

あなたは芸能に向いているわね★

てんびん座は人の意見を上手に取り入れる人で、感性やセンスがもともとあるので、それを生かした仕事の才能があります。恵那サンは平凡な人生を好まない人で、怖いもの知らずなタイプ。壊してまたつくっていく星が出ているので、何かをやりとげたと思ったら急にやめて次のことに向かっていきます。たとえばモデルの仕事をとことん集中してやったあと、やりきったと思ったら突然「やーめた！」というかんじでやめて、また新しい違うことをやり始めるでしょう。こだわるタイプですが、逆に興味がないことはとことん無関心。100か0、どちらかの極端なタイプです。ただ、集中力がすごくあるので、興味があることにはイッキに100のパワーを出せます。こういう星の人は芸能関係に多く、有名になることが多いでしょう。

春以降に、いままでにない仕事が舞い込む！

また新しいチャンスがくるわ‼

恵那サンは運を使い果たしたんじゃないかと心配してますが、そんなことはありません！まだまだイイ運気が続きますよ。次にチャンスが訪れるのは、2019年の春以降。いままでにやったことのない仕事が舞い込みます。モデル以外で違う仕事の話があるかも。興味がないことかもしれませんが、ことわらずにやったほうがいいです。もし、それが思うようにいかなかったとしても落ち込まずに、逆にそのおかげでイイ方向に運が傾いたとポジティブにとらえてください。悪いことを思うと、ずっとそのことばかりを考えてしまうので、ポジティブに物事を考えましょう。とくに、いまはいろんなことがイイ方向へ向かってる時期なので、マイナス志向になるのは絶対にダメですよ‼

イイ人間関係を築くと、もっと運気があがりますよ★

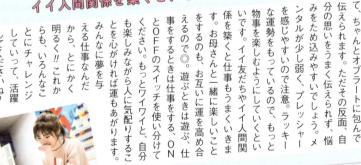

プラス思考で運気あげなきゃ♪

まとめ

恵那サンはやさしそうな顔をしてるけど、いいたいことをはっきりいうタイプ。柔軟性があるので傷つきやすそうな人には対応を変えて、ちゃんとオブラートに包んで伝えられます。ただその反面、自分の思いをうまく伝えられず、悩みをため込みやすいでしょう。メンタルが少し弱く、プレッシャーを感じやすいので注意。ラッキーな運勢を楽しむようにしていくともっと物事を楽しむもっていくっているので、もっとイイ友だちやイイ人間関係を築くと仕事もうまくいきます。お母さんと一緒に楽しいことをするのも、お互いに運を高め合えるので◎。遊ぶときは遊ぶ、仕事をするときは仕事と、ONとOFFのスイッチを使い分けてください。もっとワイワイと、自分も楽しみながら人に気配りすることを心がければ運もあがります。みんなに夢を与える仕事なんだから、とにかく明るく‼これからも、いろんなことにチャレンジしていって、活躍してくださいね！

とにかく明るく、楽しいことを考えること！
春以降に、いままでになかった仕事が舞い込むので
怖がらずにどんどんチャレンジしてみて‼

Popteen ボス

恵那、スタイルブック発売おめでとう♥ デビューのころから、恵那の成長を間近で見ていたからこそ、この本を一緒につくることができて本当にうれしかったです。いつのまにかPOPでもみんなを引っぱる立場に。この本はライバルにとっても、後輩にとっても、大きな目標になると思います♥

Popteen編集部・太田

POPを一緒につくる仲間として、頼もしさも感じるしっかり者!! ドケチや元ヤンなど、モテ系の見た目とのギャップも最高すぎるし、それを隠さず、飾らない素直さも好き♥

"つまんない女"ってよくイジられてたちゃんえな(笑)、こんなにケイケイ前に出るようになって変わってすごい! いまは頼れるみんなのお姉さんで、超カッコいいよ♥ いつもくだらない話を笑ってくれてありがと!

Popteen編集部・一石

可愛くなることに貪欲な恵那♥ 可愛いだけじゃなくて撮影現場では、みんなの荷物を運んだりするやさしいコ! そんな恵那の魅力がたくさんの人に伝わりますように♥

Popteen編集部・片岡

たいころりん(那須泰斗クン)

ちゃんえなスタイルブック発売本当におめでとう! 自分のしたいことを現実にするってとても難しいことだと思うので本当にすごいと思うし努力してきたんだなぁと思います! もちろんボクも発売したら見させていただきます! これからもPOPの仲間として、一緒にもっと盛りあげられるようにがんばろうね、たくさんの人が手に取ってくれたらいいね~^

ちゃんえな! いつもくだらない話で3時間も電話したり(笑)、仲よくなれてうれしい! はよ旅行行こうね♥ そしてスタイルブック発売おめでとう!!!!!! cuteなちゃんえながたくさんつまったbook見るの楽しmi☺!

えなちょんスタイルブックおめでとう。コツコツ、やることはやる。努力家で、なにもかもしっかりまっすぐやりとげるえなちょん。いつも側にいながらも尊敬してます。出会ったころも最強に私のなかでは可愛かったけど、それよりももっともっと、年を重ねるたびに可愛くなってくるえなちょんを見るたび、私もがんばらないとって刺激をもらえるし、きっと私の見えないところでもたくさんの努力をしてきたんだろうなって伝わってくるよ。だからこそ本当におめでとう。ちゃんと本屋さんで買って一番にサインもらいにいくからね♥

めるる(生見愛瑠チャン)

なちょす(徳本夏恵チャン) **れいぽよ(土屋怜菜チャン)**

中野~本当におめでとう!!♥ 中野とはタメ組よく遊ぶし、いろんな話もするし、まさかこんなに仲よくなれるとは思わなくてびっくりしてうれしいよ。GALからあざとくなっちゃってはじめは少し悲しかったけど、最高に可愛いし、いまの中野GALの面影もあるし、一緒にいてすごい輝いてるよ!! これからもライバルとしてよき仲間としてPOPのみんなを引っぱって一緒にがんばっていこうね☺

れいたぴ(山田麗華チャン)

恵那サン♥ スタイルブック発売おめでとうございます！たくさんの、いろんな恵那サンが見れるのすごく楽しみですすごくうれしいです！ タピオカ同盟としてこれからもタピオカ愛溢々でタピオカ飲みに行きましょう〜♥事務所の後輩としても、これからもよろしくお願いします！またご飯誘います！！ 好きです！！

モデル＆スタッフから

愛すべきちゃんえな♥♥

Jor Chanena

ライター千木良サン

美人でしっかりしてそうなのに、じつはおっちょこちょい。心配で目が離せないです！！「東京のお母さん」と呼ばれ、うれしいやら悲しいやら。今後も陰ながら応援してます♥

初のスタイルブック、おめでとうございます！大変な撮影もちゃんのあざといい笑顔にだまされて乗りきれたよ！これからもどんどんあざと可愛いに磨きをかけていってね！

カメラマン小川サン

初のスタイルブックおめでとう！ いつもPopteenTVのムチャ振りに全力でこたえてくれてありがとう！ 全力坂をやってくれた!!・・・これからもたくさんムチャ振りしますね！w

PopteenTV Guyサン

ウエストが細いので、撮影してるとよく「まりえサーン♥」って近づいてきてはまんまとウエストを丈つめさせられています。そんなあざと可愛いちゃんえなが大好きです

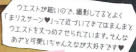

スタイリスト都築サン

マネージャー宮原サン

表には出さないけどだれよりも負けず嫌いなちゃんえなの努力と生き方がつまった本になって、素直にうれしいです。この本がまた新しいスタートになりますように！

今回いろんなメイクができてうれしかったよ！ いつも謙虚で、笑顔が可愛くてたまに天然で、みんなに愛されてる恵那が大好き♥

ヘアメイクYUZUKOサン

数ある本の中からこの本を
手に取って頂き、ありがとうございます。
楽しんでもらえましたか？♡ 初グラビアも…♡♡
ほんとに普通の女の子で特別スタイルも
良くないし、何をやっても不器用な私が
ここまで来れたこと、
それは応援してくれるみなさん、
そして周りにいるすべての皆様のお陰です。
本当にいつも感謝の気持ちで
いっぱいなんです。 ありがとう。
今までみんなに沢山愛をもらってきたから
今度はえなが返さないとね、♡♡
だからこれからもずっとずっとずーっと
ついてきてね!! 私だけを見てほしいな…♡
だいすきだよ♡♡

　　　　　　中野恵那

＜衣装＞　　※記載のないものは本人私物、スタイリスト私物になります。

【表紙】中に着たブラトップ¥1609 ／ FOREVER21
【P.2・3、P.76-77】Tシャツ¥4860、スニーカー¥7560 ／ ともにヴァンズ ジャパン　ピアス¥637 ／ FOREVER21
【P.4・5】オーバーオール¥5259 ／ 原宿シカゴ表参道店　ブラトップ¥1069 ／ FOREVER21
【P.16-17】トップス¥5292 ／ 原宿シカゴ表参道店　パンツ¥2473 ／ FOREVER21
【P.18-19】マーメイドワンピース¥12600 ／ アメリカンコスチューム
【P.22-23】コスチュームセット¥6999 ／ アメリカンコスチューム
【P.42-43】ベージュニット¥3013 ／ FOREVER21
【P.47下】ハートピアス¥853 ／ FOREVER21
【P.48上】ワンピース¥4309、イヤリング¥421 ／ ともにウィゴー
【P.48下】スエット¥2149 ／ ウィゴー
【P.49上】ビスチェ¥2149 ／ ウィゴー　ブラウス¥2689、ピアス¥853 ／ ともにFOREVER21　ベレー帽¥2700 ／ 原宿シカゴ表参道店
【P.62】ピンクブラトップ¥853 ／ FOREVER21

＜衣装協力店＞
アメリカンコスチューム　http://american-costume.com
ウィゴー　☎03・5784・5505
ヴァンズ ジャパン　☎03・3476・5624
原宿シカゴ表参道店　☎03・3409・5017
FOREVER21　☎0120・421・921

※本書に掲載している情報は2019年2月時点のものです。商品の価格、掲載店舗など、掲載されている情報は変更になる可能性があります。

ちゃんえな。

2019年3月8日　第一刷発行

著者　中野恵那
発行者　角川春樹
発行所　株式会社 角川春樹事務所
　　　　〒102-0074
　　　　東京都千代田区九段南２の１の30　イタリア文化会館ビル５Ｆ
　　　　電話　03・3263・7769（編集）　03・3263・5881（営業）
　　　　印刷・製本　凸版印刷株式会社

本書を無断で複写複製することは、法律で認められた場合を除き、著作権の侵害となります。
万一、落丁乱丁のある場合は、送料小社負担でお取り替え致します。
小社宛てにお送りください。定価はカバーに表示してあります。

ISBN978-4-7584-1333-6 C0076
©2019Ena Nakano Printed in Japan　Kadokawa Haruki Corporation

STAFF

デザイン　　　新井悠美、藤原裕美、大井晴未、渡邊萌(ma-hgra)

撮影　　　　　小川健(will creative)
　　　　　　　山下拓史(P.38-41、P.44-45、P.54-55、P.92-93)
　　　　　　　伊藤翔(P.118-123)
　　　　　　　宮永修平(P.74-75、P.84-85)

スタイリング　都築茉莉枝(J styles)

ヘアメイク　　YUZUKO

マネージャー　宮原悟郎(SGM)

編集　　　　　塚谷恵(Popteen編集部)、千木良節子